Harald Kopeter

Was du nicht verkaufst, verkaufen die anderen

Harald Kopeter

Was du nicht verkaufst, verkaufen die anderen

151 Storys für deinen Erfolg im Business

GABAL

Externe Links wurden bis zum Zeitpunkt der Drucklegung des Buches geprüft. Auf etwaige Änderungen zu einem späteren Zeitpunkt hat der Verlag keinen Einfluss. Eine Haftung des Verlags ist daher ausgeschlossen.

Ein Hinweis zu gendergerechter Sprache: Die Entscheidung, in welcher Form alle Geschlechter angesprochen werden, obliegt den jeweiligen Verfassenden.

Bibliografische Information der Deutschen Nationalbibliothek

Die Deutsche Nationalbibliothek verzeichnet diese Publikation in der Deutschen Nationalbibliografie; detaillierte bibliografische Daten sind im Internet über http://dnb.d-nb.de abrufbar.

ISBN 978-3-96739-156-5

Lektorat: Dr. Michael Madel
Umschlaggestaltung: Guido Klütsch, Köln
Autorenfoto: © privat, Fotografin: Gerlinde Mörth
Satz und Layout: Lohse Design, Heppenheim | www.lohse-design.de
Druck und Bindung: Salzland Druck, Staßfurt

Wir drucken in Deutschland.

www.gabal-verlag.de
www.gabal-magazin.de
www.facebook.com/Gabalbuecher
www.twitter.com/gabalbuecher
www.instagram.com/gabalbuecher

PEFC
PEFC/04-31-2251

PEFC zertifiziert
Dieses Produkt stammt aus nachhaltig bewirtschafteten Wäldern und kontrollierten Quellen.
www.pefc.de

Inhalt

3 Warum wir uns schon immer gute Geschichten erzählen 39

4 Warum Werbung so gut wie immer wirkt 79

5 Warum du in der überladenen Medienwelt auffallen musst, oder: Die Bausteine zum Erfolg einer Story 95

6 Warum einfach einfach einfacher ist 107

7 Warum Menschen von Menschen kaufen: Die Welt der Kunden 133

Vorwort: Was du nicht verkaufst, verkaufen die anderen

Jeden Tag gibt es mehr und mehr Kommunikation – und immer weniger davon kommt beim Empfänger an. Technologische Fortschritte ermöglichen es uns, in Echtzeit mit Menschen auf der ganzen Welt zu kommunizieren, aber diese Fülle an Informationen kann auch überwältigend sein und dazu führen, dass wichtige Informationen verloren gehen. Allein die Geschwindigkeit der Information und deren Empfang oder Wahrnehmung bedeuten noch lange nicht, dass wir von unserem Gegenüber auch verstanden werden.

Es ist schwierig, die Zukunft der Gesellschaft und die Art der Kommunikation vorherzusagen, aber eines scheint klar zu sein: Die Fähigkeit, effektiv zu kommunizieren und relevante Informationen zu filtern und zu verarbeiten, wird immer mehr an Bedeutung gewinnen. Es kann überdies sein, dass Technologien wie künstliche Intelligenz und maschinelles Lernen in Zukunft eine größere Rolle bei der Bewältigung der Informationsflut spielen werden, indem sie dabei helfen, jene Informationen zu organisieren und einzuordnen.

Entscheidend ist, wie wir als Gesellschaft und wie wir im Business mit dieser Herausforderung umgehen wollen. Ich bin sicher: Wenn wir uns auf die Verbesserung unserer eigenen Kommunikation konzentrieren, die Entwicklung der Technologien beobachten und verantwortungsbewusst einsetzen, werden wir unser Business geschickt weiterentwickeln können. Klar ist weiterhin: Die Fähigkeiten, von Mensch zu Mensch zu kommunizieren, ein wahrhaftiges persönliches Gespräch zu führen und mit dem geschriebenen Wort angemessen umzugehen, werden unser Business und unser Leben weiterhin dominieren. Und zu diesen Fähigkeiten gehört, mit Storys, mit Geschichten andere Menschen zu informieren, zu überzeugen und zu begeistern.

Mit den 151 Storys möchte ich zeigen, dass wir uns mithilfe von Storytelling effizienter mitteilen können und so generell, aber insbesondere im Verkauf, verbindlicher und erfolgreicher agieren können. Denn letztendlich leben wir von dem, was wir verkaufen, und nicht von dem, was wir produzieren!

Und wäre es nicht ein anzustrebendes Ziel, mit Storytelling so herausragend zu verkaufen, dass du eines Tages deine eigene Erfolgsstory erzählen kannst? Damit das funktioniert, habe ich meine 151 Storys in acht spannende Teile gegliedert, die auch dich in die Lage versetzen werden, die Storys deines Lebens und deines Business zu verfassen. Auch die Denkanstöße und Übungen, die du am Ende einer jeden Story findest, unterstützen dich dabei.

Dein Harald Kopeter

1

Warum du dieses Buch unbedingt lesen solltest

Von Mensch zu Mensch wollen wir miteinander reden. Deshalb lerne mich kurz kennen – und meine Perspektive, aus der heraus diese 151 Storys geschrieben wurde. Viele meiner Erfahrungen und Erkenntnisse, die ich in Jahrzehnten des Verkaufs und Unternehmertums ziehen konnte, sind dabei eingeflossen.

Unternehmer:innen, die in der modernen Geschäftswelt weder Zeit noch andere Ressourcen für endlose Diskussionen in Arbeitsgruppen haben, finden in diesem Buch Inspirationen und Tipps, die ihnen das Businessleben erleichtern und sie auf neue Ideen bringen, deren Umsetzung einfach Spaß macht!

#001 Meine Story: Wie alles begann

Es war vor mehr als 25 Jahren, genauer gesagt im Januar 1998, als ich als Key Account Manager bei einem Wirtschaftsmagazin in die Werbe- und Medienwelt eintauchte. In dieser Zeit entstanden die ersten Agenturen für Websites, einige Unternehmen hatten schon statische Websites angelegt, und es gab damals als wesentliche Suchmaschine nur Yahoo.

Einige Monate davor, am 15. September 1997, ging Google live – und war im Grunde genommen jedoch nur ganz wenigen Insidern bekannt. Kein Wunder also, dass es kaum genutzt wurde. Das erste Google-Büro wurde erst Jahre später, am 10. Oktober 2001, in Hamburg eröffnet.

Damals erschien Werbung als sehr simpel: Als Werbeplattformen gab es Radio, Fernsehen, Zeitungen, Magazine, Plakatwände und das Flugblatt. Wir selbst waren die Suchmaschine und durchforsteten die gelben Seiten der Telefonbücher.

Was, wann, wo und in welcher Form veröffentlicht wurde, oblag ausschließlich den Redakteur:innen und den Chefredaktionen der Massenmedien Radio und Fernsehen sowie den Printverlagen.

Storytelling gab es in meinem Heimatland unter dem österreichischen Begriff »Gschichtl drucken« (jemandem eine – oft halbwahre – Geschichte auftischen) mehr am Stammtisch als im Vokabular der Medien- und Werbefachleute. Der Begriff »Storytelling« fand im Business kaum bis gar nicht Verwendung, in der Medienbranche war Corporate Publishing verbreitet: Gemeint waren damit Kundenmagazine, von denen einige einen durchaus hohen und bemerkenswerten journalistischen Qualitätsanspruch hatten, und diesen oft auch sehr gut erfüllten.

Viel verbreiteter war Storytelling in puncto Business im Verkauf – und zwar mündlich! Verkaufen war damals mehr kommunikatives Handwerk von Mensch zu Mensch – fast alles wurde im persönlichen Gespräch oder in Telefongesprächen verkauft. Dabei waren jene die Besten, die es verstanden, Storytelling, Einwandbehandlung und den Abschluss in die richtige Balance zu bringen. Auch wenn sich im Laufe dieser 25 Jahre vieles geändert hat: Diese drei Punkte gelten immer noch für alle Produkte und Dienstleitungen über alle Medienformate hinweg – analog wie digital.

Gute Kommunikation im Business ist auch abhängig von gelungenem Storytelling.

#002 Meine Reise und meine Begleitung

In den vergangenen 25 Jahren habe ich unzählige Menschen getroffen und viele Gespräche mit Unternehmer:innen, Geschäftsführer:innen, Politiker:innen, Führungskräften, Buchautor:innen und vielen weiteren faszinierenden Menschen geführt. Vielfach war ich begeistert von den Geschichten jener Personen, die aus einer Idee ein Unternehmen mit Hunderten oder Tausenden Mitarbeitenden geschaffen haben. Immer wieder versuchte ich auch hinter das Geheimnis dieser Erfolge zu kommen. Anfänglich glaubte ich natürlich, dass viel Glück dabei war, manche hatten durch das Elternhaus schon beste Startbedingungen, doch meist war der Erfolg damit nicht restlos erklärbar.

Klar wurde mir das erst, als ich, begleitend zu den Gesprächen mit den Menschen aus der Wirtschaft, immer mehr Bücher zu diesen Themen las. Darunter befanden sich die Klassiker der Wirtschaftsliteratur wie etwa »Die Macht des Unterbewusstseins« von Joseph Murphy, »Schnelles Denken, langsames Denken« von Daniel Kahneman und »Was Sie hierher gebracht hat, wird Sie nicht weiterbringen« von Marshall Goldsmith.

Doch das Wesentliche, das mir in allen Gesprächen immer wieder aufgefallen ist: Alle Unternehmerpersönlichkeiten und Leader konnten gute Geschichten erzählen, konnten mit Begeisterung von ihrer Vision berichten. Noch bevor die Marketingwelt auf den Zug »Storytelling« aufsprang, gab es immer schon großartige Unternehmer:innen und begabte Politiker:innen, die Storytelling – oft auch intuitiv – für sich nutzten, um andere zu begeistern.

Meinen größten Lernfortschritt aus dieser Zeit fasse ich so zusammen:

»If you're the smartest one in the room, you're in the wrong room:" Das heißt: »Wenn du die klügste Person im Raum bist, bist du im falschen Raum.« – Genau diese Herausforderung solltest du dir täglich suchen. Und am besten dabei ist: Wirklich erfolgreiche Menschen helfen gerne und kennen keinen Neid!

#003 Als alles noch viel leichter war

Früher war alles leichter: ein Satz, der wohl von Generation zu Generation weitergereicht wird – doch stimmt das auch?

Früher, also in »meinem Früher« vor rund 20 Jahren, gab es zwei, drei oder auch vier Werbekampagnen pro Jahr. Unternehmen haben oft am Anfang des Jahres oder schon am Ende des Vorjahres ihre Spots im Radio und im TV gebucht und ihre Seiten in den Magazinen und vielfach die Kampagnen und die Zeiträume einfach per »Copy and Paste« übertragen, also per »Kopieren und Einfügen«. Und es gab Jahresschaltungen – ein Wort, das mittlerweile aus dem Sprachgebrauch von Medien- und Werbeleuten verschwunden ist.

Doch war das wirklich alles einfacher? Heute wollen uns die großen Player in der digitalen Welt weismachen, dass immer alles messbar ist, und zwar mithilfe von KPIs, also Key Performance Indicators – der Begriff bezeichnet Kennzahlen, mit denen die Leistung von Werbe- oder Sales-Aktivitäten überprüft wird. Aber der Begriff suggeriert oft eine Scheinmessbarkeit. Wohl auch deswegen kenne ich nur wenige Unternehmen, die eine derartige Umsatz- und vor allem Gewinnsteigerung erlebt haben, wie es die digitalen Werbeplattformen selbst erleben.

Viele der digitalen Plattformen machen es uns sehr einfach, Budgets zu ihnen zu verlagern, sie geben uns enorm viel Zahlenmaterial über Reichweite, Zielgruppen, Engagement an die Hand – und dennoch bleiben wir allein gelassen, wenn es um die Interpretation dieser Daten geht. Das ist meist auch nicht von Belang, solange die Anfragen und die Verkäufe passen. Doch wenn die Verkaufszahlen plötzlich nicht mehr stimmen, dann bist du mit Visits, Pageviews und vielem mehr ganz plötzlich ziemlich allein.

Was also ist das wahre Geheimnis auch der digitalen Plattformen? Kann es sein, dass sie unserer Aufmerksamkeit gewinnen, weil sie uns eine tolle und interessante Story erzählen? Eine Story, die wir gerne glauben wollen, weil sie einfach gut strukturiert und erzählt ist? Ich bin davon überzeugt, dass Google, Facebook, TikTok & Co vor allem sehr gute Storyteller sind.

Wie kannst auch du mit Storytelling zu einem Meister des Verkaufens werden?

#004 Nichts zu verschenken

In meinen wohl mehr als 10.000 Kundengesprächen war »alles und jeder« dabei. Ich sprach mit Konzernvorständen, mit Unternehmerpersönlichkeiten großer Familienunternehmen, mit Politiker:innen, Marketingleiter:innen, Einzelunternehmer:innen ... aus allen Branchen und Unternehmensgrößen. Eine riesige Vielfalt an persönlichen beruflichen Kontakten.

Bis heute sind mir Unternehmer:innen aus dem Klein- und Mittelstand die angenehmsten Gesprächs- und Geschäftspartner:innen. Es sind die kurzen Entscheidungswege, die Entscheidungsfreudigkeit, die sprichwörtliche Handschlagqualität und die – wie es Niki Lauda zum geflügelten Wort machte – mit dem Geiz und der Sparsamkeit kokettierende »Ich hab nix zu verschenken«-Einstellung der Unternehmerschaft, die solche Kontakte so positiv und einfach menschlich machen.

Auch ich habe nicht die Zeit für endlose Konzepte und Pitches. Nicht die Zeit, darauf zu warten, bis sich der Arbeitskreis findet, die Peergroup den Prioritätenkatalog erarbeitet oder sich das Team bei Kaffee und Keksen abgestimmt hat. Aus diesem Grund wende ich mich mit diesem Buch an Menschen, die unternehmen, anpacken und umsetzen, die direkt Ergebnisse sehen wollen und keine Angst vor Rückschlägen haben. Solche Menschen habe ich in der Vergangenheit viel öfter in Privatunternehmen gefunden als im größeren Konzernumfeld.

In diesem Zusammenhang gefällt mir dieser Gedanke aus einem Gedicht von Kurt Marti[1] (Pfarrer und Lyriker, 1921–2017) ganz besonders: »Wo kämen wir hin,/ wenn alle sagten,/ wo kämen wir hin,/ und niemand ginge,/ um einmal zu schauen,/ wohin man käme,/ wenn man ginge.«

Wenn du auch gerne einen Weg gehen willst, um zu sehen, wohin er dich führt, dann hältst du mit diesem Buch nun deine Wegbeschreibung in Händen. Es wird nicht die erhoffte Gerade sein, dieses Versprechen könnte ich nicht halten. Doch eines ist sicher: Diese 151 Storys bringen eine Menge Inspiration und Motivation für dich und dein Business.

Für den Blick über den Tellerrand: Nimm dir immer wieder die Zeit, am Unternehmen und nicht nur im Unternehmen zu arbeiten.

#005 Vom Bedarf zur Sättigung

Unsere Urgroßeltern besaßen 57 Dinge[2]; in unseren Wohnungen und Häusern stapeln sich meist mehr als 10.000 Dinge. Viele shoppen aus Lust am Shoppen, um es mit Freunden zu teilen, um Glücksmomente zu erleben, um Frust zu bewältigen und aus vielen weiteren oft zweifelhaften Gründen.

2022 veröffentlichte der Kreditversicherer Euler Hermes eine Studie[3], wonach der Austauschzyklus bei Handys immer länger wird. In Europa liegt die Nutzungsdauer aktuell bei rund 40 Monaten, und das sind rund 25 Prozent mehr als noch 2016. Nun wäre es schön, ließe sich diese Entwicklung mit mehr Nachhaltigkeitsbewusstsein erklären – doch es liegt wohl eher daran, dass spannende Verbesserungen ausbleiben und sich Kaufmüdigkeit breitmacht. Aurélien Duthoit, Branchenanalyst von Euler Hermes, rechnet damit, dass dadurch bis 2025 Umsätze von bis zu 134 Milliarden US-Dollar gefährdet sind.

Immer mehr Unternehmen achten darauf, nicht von der Digitalisierungswelle überrollt zu werden, fürchten sich vor neuen Plattformmodellen, die ganze Branchen ändern, wie es iTunes oder Spotify in der Musikwelt gemacht haben. Doch die allermeisten Unternehmen haben sinkende Kauflaune, längere Nutzungsdauer und ausgeweitete Austauschzyklen nicht im Blick. Fehlende Kauflaune und geändertes Konsumverhalten lassen sich aktuell nicht ganz schnell erfassen, weshalb in manchen Unternehmen mehr Hoffnung als Planung vorhanden ist.

Wenn es einen Plan gibt, dann heißt dieser oft: mehr Onlinemarketing, mehr Werbung im digitalen Raum; vielfach wird der Ruf nach Influencer:innen laut, nach noch mehr kreativer Werbung.

Ich selbst gehöre sicher zu den Menschen, die um die 10.000 Dinge besitzen – aber bringt mich noch mehr, oft sinnentleert schreiende Werbung dazu, mehr zu kaufen?

Einfach mal überlegen: Wie hat sich dein persönliches Kaufverhalten in den letzten Jahren geändert? Inwiefern hat es sich in deinem Kundenkreis geändert?

#006 Das beste Produkt ist nicht das beste Produkt

Am 27. Oktober 1994 erschien erstmals ein Werbebanner auf einer Website. »Haben Sie mit Ihrer Maus schon mal hierhin geklickt? Sie werden es tun.« Im Original hieß es »Have you ever clicked your mouse right HERE? → YOU WILL.« Geschaltet wurde der erste Werbebanner vom US Telefonkonzern AT&T auf der Website HotWire. Und tatsächlich klickten 44 Prozent der User auf das Banner. Der Zauber von einst ist längst verflogen, aktuell liegen die Klickraten bei Bannerwerbung meist unter 0,1 Prozent.

In verschiedenen Branchenmedien prognostizieren Expert:innen, dass Displaywerbung allein im DACH-Raum wieder um eine Milliarde steigen wird – und das, obwohl die Klickraten immer weiter sinken!

Am 11. März 2022 schrieb The Wall Street Journal[4] davon, dass in den USA über einen Zeitraum von neun Monaten eine Milliarde Werbeanzeigen falsch platziert wurden.

Unter 0,1 Prozent Klickraten, falsch platzierte Werbeanzeigen und dennoch steigende Budgets – wie passt das zusammen? Ich denke, vielfach haben Werbefachleute und Marketingmanager:innen einfach keine besseren Ideen. Du kannst als Marketingverantwortlicher dem CEO nicht sagen: »Ich habe keine Ahnung, was ich noch machen soll.« Denn er wird entgegnen: »Gut, dann suchen wir jemanden, der Ahnung hat.«

Schon der Autor Upton Sinclair soll gesagt haben: »Es ist schwierig, Menschen etwas begreiflich zu machen, wenn ihr Gehalt davon abhängt, es nicht zu verstehen.«

Die meisten Unternehmen geben viel Geld für Marketing und Werbung aus, und es ist deprimierend, wenn Kampagnen nicht funktionieren. Man forscht nach Ursachen, verweist auf gute Reichweiten und gibt dann vielleicht dem Produkt die Schuld, im Einzelfall sogar den Konsument:innen, die das Produkt nicht verstehen. Doch in den allermeisten Fällen liegt es daran, wie du kommunizierst. Wenn dir hier Fehler unterlaufen, hast du schon verloren. Oder bist du schon verloren.

Die wesentlichste Erkenntnis ist: Menschen kaufen nicht das beste Produkt; sie kaufen das Produkt, das sie am besten verstehen.

#007 Wir kennen unsere Kundschaft

Im zweiten Weltkrieg sollte der Mathematiker Abraham Wald[5] für die US-Armee ermitteln, wo Flugzeuge am häufigsten getroffen werden, um eine Grundlage zu haben, diese Schwachstellen zu verstärken. Die Erkenntnisse dieser Untersuchungen zeigten an, dass sich die meisten Einschusslöcher am Rumpf befanden. Und daher war man sich rasch einig, dass der Rumpf verstärkt werden sollte.

Als man damit bei den ersten Flugzeugen begann, sagte Abraham Wald plötzlich »Nein«! Denn jene Flugzeuge, die am Cockpit, an den Motoren oder an den Tanks in den Flügeln getroffen wurden, kehrten ja erst gar nicht zurück. Diese Flugzeuge fehlten bei den Untersuchungen, und somit natürlich auch in der Statistik.

Es ist gut möglich, dass diese Story eine Legende ist, doch sie zeigt anschaulich ein oft verbreitetes statistisches Problem, den sogenannten Survivorship Bias oder Überlebensirrtum. Wir lesen oder hören nur die Erzählungen von jenen, die überlebt haben. Wir wollen unbedingt wissen, wie die 100-Jährigen so alt geworden sind, um etwas über langes Leben zu erfahren. Doch wesentlich interessanter sind jene, die mit 60 gestorben sind – daraus können wir viel mehr nützliche Erkenntnisse ziehen.

Gefühlt werde ich pro Woche zwei- bis dreimal gefragt, ob ich bei einer Kundenbefragung mitmachen wolle: Ich bin im Hotel und werde befragt, ich bin beim Reifenwechsel und werde befragt … Was erwartet das jeweilige Unternehmen als Antwort darauf? »Die letzten 25 Reifenwechsel waren in Ordnung, doch diesmal war es richtig geil«? Was willst du aus dieser Antwort lernen oder ableiten?

Eine neue Denkrichtung: Wer fragt schon seine Nichtkundschaft? Wenn du mehr Kund:innen haben willst, wenn du mehr verkaufen willst, dann sind die Antworten der Nichtkundschaft ganz besonders interessant.

#008 Einfach anders sein

Über viele Jahrzehnte war es üblich, dass Marketing an Agenturen ausgelagert wurde und sich die Geschäftsführung mehr um das Produkt und die Dienstleistung gekümmert hat als um die Themen Marketing und Werbung. Das war auch früher passend, denn den Mitbewerb hatte man gut auf dem Radar, vielfach war man sogar Platzhirsch in der Branche. Doch seit man in Sekundenschnelle alle wesentlichen Informationen im Internet abholen kann und viele Mitbewerber:innen auch nur einen Klick entfernt sind, ist das Thema oft wieder in die Geschäftsführung zurückgekehrt.

Produkte und Angebote sind vergleichbar geworden, das Unternehmen kann seinem Kundenkreis kein neues Wissen vermitteln, Kund:innen sind oft besser informiert als Verkäufer – und aus diesem Grund wird die Kommunikation in Zukunft in den Mittelpunkt rücken.

Ganz früh erkannte das der »Schraubenmilliardär« Reinhold Würth. Man sagt, von ihm stamme der Satz: »Unsere Kernkompetenz ist Marketing und Verkauf, Schrauben machen können andere auch.«

Lange Zeit galt diese Philosophie für einfache Waren. Komplexe Produkte hingegen wurden oft hinter dem Geheimwissen des Unternehmens versteckt. Doch seit Google und YouTube gibt es kein Geheimwissen mehr, dieser Vorteil ist ein für alle Mal verloren.

Am stärksten können sich Unternehmen in ihrer Art der Kommunikation voneinander unterscheiden. Bestes Beispiel dafür ist Elon Musk mit Tesla. Auch wenn er in seiner Art zu kommunizieren oftmals irritiert, so ist er als Person einer der besten Verkäufer, die ich kenne. Tesla macht keine TV-Werbung, keine Printanzeigen und schaltet keine Facebook-Werbung. Nein – Elon Musk geht anders vor: Er erzählt Geschichten und teilt seine Visionen. Warum macht er das? Nun, Menschen hören Menschen gerne zu. Gute Geschichten öffnen Ohren und Augen – und bestenfalls die Brieftaschen deiner Kund:innen. Zu deren Vorteil und zu deinem.

Einfach anders: Diese 151 Storys sollen auch dir die Augen öffnen, anders zu kommunizieren, zu sprechen und zu schreiben.

2

Warum gute Storys wirken

Es ist faszinierend, wie wir Menschen ticken. Ebenso faszinierend ist es, wenn wir feststellen, warum dies so und nicht anders ist. Auch das hat eine Geschichte, die ich dir in diesem Abschnitt erzählen darf. Wichtig daran ist: Wer weiß, wie wir Menschen »funktionieren« und was bei welcher Art von Kommunikation tatsächlich »ankommt«, der hat in der Businesswelt – und dabei vor allem im Bereich des Verkaufs – immer die Nase vorn.

Denn ob erster Eindruck oder auch Kundengespräch: Wir wollen wahrgenommen und mit all unseren Angeboten und Produkten in Erinnerung behalten werden.

#009 Warum es Geschichten braucht

Wir alle würden nicht auf der Welt sein, hätten unsere Ahnen nicht damit begonnen, sich Geschichten zu erzählen. In einer Zeit, in der es noch keine Schrift gab, wurden Informationen in Form von Geschichten vermittelt.

Es war überlebenswichtig, zu wissen, wo sich die nächste Wasserstelle befindet, welche Früchte und Pflanzen genießbar sind und wie man das eine oder andere Tier erlegt. Genau diese Geschichten wurden früher rund ums Lagerfeuer erzählt. Auch damals gab es sehr gute Erzähler:innen und natürlich auch jene, die ihre Zuhörerschaft langweilten.

Viele Geschichten gab man von Generation zu Generation mündlich weiter, und bevor die Schrift erfunden wurde, malte man sie auf Stein – wir bewundern heute diese bildlichen Erzählungen als Höhlenmalerei.

Heute wie damals wachsen Kinder mit Geschichten auf – damals aus dem Gedächtnis vorgetragen, später vorgelesen und/oder auch als Hörbuch vorgespielt.

Wir alle sind mit Geschichten aufgewachsen, sie sind sprichwörtlich in unserer DNA verankert und wir erinnern uns in diesem Zusammenhang an spannende und unterhaltsame Momente zurück.

Wenn wir unserem Gegenüber von lustigen, bewegenden Erlebnissen erzählen, so ist es immer in eine Geschichte verpackt. Zahlen, Daten und Fakten werden eingebaut, stehen jedoch nie im Vordergrund.

Wir Menschen speichern Erlebtes in Bildern ab; in den Erzählungen verwandeln wir diese Bilder wieder in Worte und Sätze – das gelingt einigen meisterhaft und die Zuhörerschaft hängt diesen Erzähler:innen förmlich an den Lippen, andere wiederum langweilen und verlieren rasch ihr Publikum. Der Begriff »Erzählkunst« ist uns allen geläufig.

Ein indianisches Sprichwort besagt: »Derjenige, der die Geschichten erzählt, regiert die Welt.« Ich sage:

! **Wer gute Geschichten erzählt, kommuniziert besser und verkauft sich und sein Angebot besser. Und das Beste daran ist: Geschichtenerzählen kann man lernen!**

#010 Menschen suchen keine Werbung

Du hast sicherlich noch nie Folgendes ins Google-Suchfeld eingegeben: »Suche Werbung für ...« Wir suchen keine Werbung, wir suchen Information, Unterhaltung, Inspiration, Orientierung und Führung. Das und nichts anderes sind die Gründe, warum du das TV-Gerät einschaltest, warum du auf YouTube bist, warum du bei Google suchst. Werbung unterbricht uns im Grunde genommen bei dem, was wir Menschen suchen oder gerade tun wollen – und in den allermeisten Fällen stört Werbung oder »nervt« geradezu.

Vor vielen Jahren hörte ich bei einem Vortrag die goldene Regel des Content Marketings: »Inform and guide me, hype and entertain me.« Genau das ist es, was wir Menschen suchen. Doch was macht die Werbeindustrie? Sie stört uns mit Tausenden Werbebotschaften, die pro Tag auf uns einprasseln. Es wird kolportiert, dass uns in Großstädten mehr als 10.000 Werbebotschaften erreichen wollen. In abgelegenen Orten in Alaska ohne TV und Internet werden es wohl weniger sein, doch dort leben auch nur wenige Menschen.

Ob es nun mehr oder weniger als 10.000 Werbebotschaften sind, ist nicht wesentlich, denn unser Gehirn schützt uns ohnehin vor zu viel von all dem: Wir können all diese Botschaften gar nicht ganzheitlich wahrnehmen und schon gar nicht verarbeiten. Wie wir bei den zu Null tendierenden Klickraten in der Bannerwerbung sehen, ist es auch so, dass dieses Mehr an Werbung immer weniger wahrgenommen wird. Die Antwort der Werbefachleute auf diese Entwicklung ist mehr als erstaunlich: noch mehr, noch lauter, noch schriller – für immer weniger Erfolg.

Bestimmt kennen Sie den bekannten Satz, der wohl auf Henry Ford zurückgeht: »Etwa 50 Prozent meines Werbebudgets ist hinausgeworfenes Geld. Niemand kann mir allerdings sagen, welche 50 Prozent das sind.« Henry Ford verstarb 1947, was glauben Sie: In welche Richtung hat sich dieses Verhältnis in den letzten Jahrzehnten verändert?

#011 Warum du stets mit Erzählungen beginnen solltest

»Stell dir vor, wen ich heute in der Stadt getroffen habe und was sie mir erzählt hat.« Im privaten Umfeld beginnen viele Geschichten genau auf diese Art. Wir beginnen unsere Gespräche selten mit Zahlen, Daten und Fakten, wir starten unsere Gespräche mit Erzählungen. Diese Geschichten können auch Tage später noch gut weitererzählt werden.

Unternehmen beginnen mit Zahlen, Daten und Fakten, die für die allermeisten Kund:innen kaum relevant sind! Man wirft mit Fachausdrücken und Fremdwörtern um sich, um Kompetenz zu signalisieren. Die erste Inkompetenz zeigt sich aber darin, dass ein Unternehmen, das so agiert, nicht auf Augenhöhe kommuniziert. Denn wer Zahlen und Daten wissen will, hat diese binnen Sekunden im Netz gefunden – Kund:innen jedoch wollen mit den Vertretern und Repräsentanten von Unternehmen kommunizieren, also zum Beispiel mit Verkäufer:innen. Und zwar so, dass eine emotionale und vertrauensvolle Beziehung entstehen kann. Kurz: Kund:innen wollen von Mensch zu Mensch kommunizieren.

Kund:innen kommen zu dir, weil es ein Problem gibt, für das sie eine Lösung suchen. Meistens interessiert sich niemand für die Historie, für deine Auszeichnungen, für deine aktuellen Herausforderungen. Wichtig sind: das Kundenproblem und seine Lösung. Ja, es kann so einfach sein: Fass alles in deinen Worten zusammen, frag nach, ob das so stimmt, und erzähl die Geschichte, wie du bereits anderen Kund:innen helfen konntest.

Menschen mögen Geschichten über andere Menschen – die ganze Filmindustrie basiert darauf, dass Geschichten über Menschen erzählt werden. In vielen dieser Geschichten werden Probleme gelöst, und meistens gibt es ein Happy End. Wir zahlen auf verschiedenste Art und Weise der Filmindustrie eine Menge Geld dafür.

Genau diesen Weg gibt es auch im Business: Du begeisterst Menschen mit Storys, die Lösungen in gute Geschichten verpacken – und deine Kund:innen bezahlen dann gern gutes Geld dafür.

#012 Überliste dein Gehirn

Jerome Bruner[6], ein Psychologe aus den USA, verbrachte sein Leben damit, herauszufinden, wie der menschliche Geist arbeitet. Er erforschte, wie Menschen lernen und wie sie dieses Lernen optimieren können. Eine seiner wesentlichsten Erkenntnisse war, dass Zahlen, Daten und Fakten, die in einer guten Geschichte verpackt sind, bis zu 22mal besser wahrgenommen und gemerkt werden.

An erster Stelle steht die Wahrnehmung: Wenn diese 22mal besser durch Geschichten funktioniert, ist eine der wesentlichen Hürden auf dem Weg zu einer guten Beziehung zum Gesprächspartner geschafft. Wenn die Geschichte dann auch noch Teile einer bereits bekannten ähnlichen Story enthält, die bestenfalls vom Kurzzeitgedächtnis bereits den Weg ins Langzeitgedächtnis geschafft hat, ist die Chance enorm hoch, dass unser Gehirn auch diese Geschichte als würdig erachtet, um gespeichert zu werden.

Dieses Prinzip gilt es nun für dein Business zu adaptieren, um die Wahrnehmung zu steigern und eine größere Wirkung zu erzielen.

In Büchern und Seminaren zum Thema Verkauf lese und höre ich immer, dass es rund zehn Einwände der Kund:innen gibt, warum ein Produkt oder eine Dienstleistung nicht gekauft wird. Wer einem Einwand jedoch lediglich mit Zahlen, Daten und Fakten begegnet, läuft Gefahr, von den Kund:innen als Besserwisser wahrgenommen zu werden.

Bedeutend effektiver ist es, den Einwand mit einer guten Geschichte zu entkräften. Es geht nie darum, mit Sprache zu manipulieren, es geht darum, das Wissen zu nutzen, wie man die Wirkung von Sprache, Wörtern und Sätzen verstärken kann.

Auch wenn es zunächst paradox klingt: Spontaneität kann man lernen. Spontan antworten und Einwände entkräften kann nur derjenige, der auch gut vorbereitet ist. Schreib möglichst viele Geschichten auf, in denen es dir gelungen ist, mit deinen Produkten Kund:innen bei einer Problemlösung zu helfen. Nutze die Geschichten, um beim nächsten Mal Einwänden erzählerisch zu begegnen.

#013 Herzlich willkommen bei …

Gefühlt beginnt jede zweite Homepage mit den großen Lettern »Willkommen bei …«. Das steht also an hervorgehobener Stelle, an der besten Stelle der Website. Dies betrifft speziell Klein- und Mittelbetriebe, die nicht auf E-Commerce spezialisiert sind und deren Website nicht auf Verkauf getrimmt ist.

Ich habe in den letzten beiden Jahrzehnten, in denen wir Google nutzen, noch nie jemanden gesehen, der »Herzlich willkommen bei Firma XYZ« in das Suchfeld eingegeben hat. All diese Unternehmen opfern den besten Platz der Website für diesen sinnlosen Satz. Den besten Platz solltest du aber immer für das beste Angebot verwenden, für deine beste Story. Denn du hast in unserer temporeichen Gegenwart keine zweite Chance, den User in deine Welt zu holen.

Warum passiert dieser Fehler so häufig? Websites werden von Website-Designer:innen gestaltet – und wie es die Berufsbezeichnung schon sagt, steht hier das Design im Vordergrund. Doch der Google-Algorithmus reiht nicht nach Design oder Farben, sondern nach Inhalt, und zwar nach sinnvollem Inhalt.

Das heißt: Du hast für den ersten Eindruck nur einen kleinen Moment. Du musst mit den ersten Worten die Menschen abholen und in deine Welt ziehen. Große Tageszeitungen und Magazine beschäftigen spezialisierte Redakteur:innen, die nur die Überschriften der Titelseite texten. Denn das Wichtigste ist, dass die Zeitung gekauft wird, dass weitergeblättert wird, dass sich die Leserschaft minutenlang, bei Magazinen bestenfalls stundenlang, mit den Storys beschäftigt: Nur dann werden die Leser:innen wieder kaufen, nur dann werden die Abonnements verlängert.

Egal, was du verkaufst – ob Produkt oder Dienstleistung: Der erste Eindruck ist nur ein kleiner Moment. Je länger sich eine Person mit deinem Unternehmen und der Themenwelt rund um dein Angebot beschäftigt, desto größer ist die Wahrscheinlichkeit, dass sie sich näher mit deinem Angebot beschäftigt. Und wenn du dann auch noch an den richtigen Stellen einen Call-to-Action platzierst, dann wird sie bei dir auch kaufen.

#014 Beste Qualität, innovatives Unternehmen, ausgezeichnet ...

Wenn du diese Zeilen liest, dann leg jetzt kurz das Buch beiseite, nimm dein Handy zur Hand oder setz sich vor deinen PC. Analysiere in Ruhe deine Website oder die deines Unternehmens. Achte bitte ausschließlich auf bekannte Standardsätze wie »Beste Qualität seit ...«, »Innovatives Team ...«, »Wir gehen die Extrameile ...«, »Dein zuverlässiger Partner ...«. Ich bin mir sicher, du wirst unzählige dieser Floskeln finden!

Wo bleibt dein Alleinstellungsmerkmal (USP)? Im Auftritt nach außen liegst du vielleicht im unteren Drittel oder bestenfalls im Mittelfeld, oder?

Gutes Storytelling beginnt beim ersten Kontakt. Stell dir vor, du leistest dir einen tollen Urlaub, fliegst um die halbe Welt und residierst in einem Fünf-Sterne-Plus-Resort. Es beginnt damit, dass bei der Ankunft die Tür des Taxis für dich geöffnet wird, es gibt jemanden, der darauf achtet, dass sich die Drehtür in der für dich richtigen Geschwindigkeit bewegt. Bevor du die Rezeption erreichst, wird dir bereits ein gekühltes Erfrischungstuch gereicht, man erkundigt sich nach deinem Getränkewunsch. Egal, ob im Zimmer, im Restaurant oder am Pool – du wirst immer wieder angenehm überrascht.

Natürlich hast du gutes Geld dafür bezahlt – doch ich meine, genau hier beginnt für das Hotel erfolgreiches Storytelling, denn du wirst mit deiner Begleitung darüber sprechen, mit anderen Gästen, die du kennenlernst, und du wirst deinem Freundeskreis von deinem Traumurlaub erzählen. Erfolgreiches Storytelling beginnt oft mit den Geschichten, die zufriedene und begeisterte Kund:innen über dich erzählen.

Kehren wir zurück ins tägliche Business: Hast du dich jemals gefragt, was ein neuer, potenzieller Kunde zuallererst von dir lesen oder hören sollte? Wie hört sich die Story an, die andere über dich, über dein Unternehmen oder dein Angebot erzählen?

Mit guten Storytelling kreierst du die Bilder im Kopf, du wirst Regisseur:in der Diashow im Kopf deiner Kund:innen. Was also ist deine Story? Oder besser noch: Wie lautet die Story, die über dich erzählt wird?

#015 Ist mehr wirklich mehr?

Es gibt Millionen Social-Media-User in deiner Umgebung, Milliarden auf der ganzen Welt, und es gibt auch unzählige Online-Marketing-Gurus. Für Letztere sind meist Reichweite, Pageviews und Engagement-Raten auf den Social-Media-Plattformen das Maß aller Dinge. Es wird viel in Suchmaschinenoptimierung (SEO) und Suchmaschinenmarketing (SEA) investiert, man folgt jedem neuen Social-Media-Trend, um möglichst viel Traffic auf die Website zu holen. Facebook, Google & Co machen es dir einfach, Traffic zu kaufen, und Agenturen verdienen eine Menge Geld damit, dass sie dir 10.000 statt nur 500 Landingpage-Aufrufe pro Monat versprechen.

Die Formel »Mehr Traffic bringt mehr Umsatz« stimmt aber nicht – denn mehr Traffic bringt vor allem mehr Zufallstreffer.

Meine Erfahrungen aus dem Verkauf und aus vielen Gesprächen mit Führungskräften lassen mich rückschließen: Rund drei Prozent kaufen dein Produkt sowieso, du kannst es kaum verhindern. Mit rund 37 Prozent der Kund:innen kannst du gute Gespräche führen, und bei rund 60 Prozent gestaltet sich die Kommunikation richtig schwierig.

Mit mehr Traffic erhöhst du die Zahl derer, die ohnehin gekauft hätten, das ist natürlich ein sehr angenehmer Nebeneffekt. Doch du wirst die 37 Prozent jener Menschen, mit denen sich gute Gespräche führen lassen, nur dann erreichen, wenn du richtig mit ihnen kommunizierst, Antworten auf ihre brennendsten Fragen lieferst und vor allem gute Geschichten zu bieten hast. Wenn du das nicht leistest, nutzt dir auch die Erhöhung des Traffics nichts!

Es ist besser, wenn du zunächst einmal deine Art der Kommunikation optimierst – etwa mit Storytelling – und dann vielleicht auch noch den Traffic erhöhst. Konzentriere dich auf jene, mit denen du gut kommunizieren kannst, das vereinfacht vieles. Ansprechendes Storytelling kann niemand ausblenden, und es wird von Google auch noch durch gutes Ranking belohnt.

#016 Mit »George Clooney« im Zug

Meine Überzeugung ist: Menschen denken nicht so, wie sie fühlen. Und Menschen reden nicht so, wie sie denken. Und sie handeln nicht so, wie sie reden. Das zeigt sich auch in der Marktforschung. Ein Beispiel: 1994 wurde der Eurostar-Tunnel von England nach Frankreich eröffnet. Die Kosten betrugen rund 15 Milliarden Euro, und die Tunnelfahrt von London nach Paris dauerte rund drei Stunden. Doch die Reisenden waren nicht zufrieden – die drei Stunden Reisezeit empfanden laut Umfragen und Marktforschungen viele Menschen offensichtlich als zu lang.

Daraufhin beschloss das Management einige Optimierungen: Man investierte weitere sechs Milliarden Euro, um die Zufahrtsstrecken sowohl von London zum Tunnel als auch von Paris zum Tunnel zu erneuern, zu begradigen und zum Teil neu zu bauen, damit die Züge schneller fahren konnten. Das Ergebnis war nun: zweieinhalb Stunden Fahrtzeit. Wie sah es jetzt mit der Kundenzufriedenheit aus? Die Bemühungen ergaben keine bemerkenswerte Änderung, die Menschen waren nach wie vor nicht zufrieden!

Genau darin zeigt sich das Problem von Umfragen und Marktforschungen: Allzu oft ist es nicht das Offensichtliche, sondern das Problem dahinter oder daneben, das gelöst werden sollte. Konkret: Die Reisenden empfanden die Reisezeit nicht als zu lang – sie haben sich schlichtweg gelangweilt! Ob nun zweieinhalb oder drei Stunden Fahrtzeit – die Langeweile war zu gewaltig!

Man hätte jene sechs Milliarden Euro besser nutzen sollen, um die Langeweile zu besiegen. Für diese Summe hätte man mehr als 16 Jahre lang jeden Tag eine Million Euro ausgeben können, um die Mitreisenden zu unterhalten. Beispiele sind: bestes WLAN, bei Hitze kühle Tücher reichen oder ein Eis servieren. Oder noch besser: Für ein oder zwei Tage im Jahr im Jahr wird George Clooney engagiert, der dann »Nespresso« serviert. Diese Story würde sicher rund um die Welt viral gehen. Zudem könnte man Nespresso für eine Partnerschaft gewinnen, beide Unternehmen würden sich einiges an Werbebudget sparen. Und das Beste daran wäre, dass ein riesiger Kundenkreis diese Story natürlich weitererzählen würde.

Menschen kaufen nicht den Transport von A nach B, sie kaufen ein Erlebnis und bestenfalls eine Überraschung. Welches Erlebnis kannst du deinen Kunden bieten?

#017 Der rote Ferrari – oder »die große Idee«

Für viele Marketer ist David Ogilvy die Ikone der Werbewelt, und viele seiner Ideen und Grundsätze haben heute immer noch uneingeschränkt Gültigkeit. In seinem Buch »Geständnisse eines Werbemannes« spricht er davon, dass du ein unwiderstehliches Versprechen brauchst. Du brauchst »The Big Idea«, eine große Idee, die die Menschen veranlasst, sich mit dir zu beschäftigen und sich für dich, dein Produkt und dein Angebot zu interessieren.

»Normale« Werbung wirkt vielfach wie die Lkw-Kolonne, an der du auf der Autobahn vorbeifährst, doch keiner dieser Lkw interessiert dich. Dann aber taucht ein roter Ferrari im Rückspiegel auf und lenkt deine Aufmerksamkeit auf sich, er wechselt auf die dritte Spur und zieht an dir vorbei. Egal, ob Ferrari-Fan oder »nur« Autoliebhaber – in diesem Augenblick hat der rote Sportwagen deine ungeteilte Aufmerksamkeit.

Wenn ich die Websites von Unternehmen sehe, wenn ich deren Kommunikation analysiere, dann erblicke ich vielfach nur einen silbergrauen Skoda Kombi: ein solides Fahrzeug mit guten Preis-Leistungsverhältnis, mit dem man gut LKWs überholen kann, das sich aber danach wieder brav rechts einordnet.

Schon kleine Unternehmen geben für Websites, Fotoshootings und Hochglanzprospekte Unsummen aus, allerdings geben sie kaum Geld für eine beeindruckende Story, für eine gute Geschichte oder für ein unwiderstehliches Versprechen aus. Du oder dein Unternehmen – ihr braucht jedoch einen roten Ferrari: ein unwiderstehliches Versprechen.

David Ogilvy war zwar nicht für Ferrari tätig, jedoch für Rolls-Royce – und für diesen Kunden kreierte er einen Werbetext, der zumindest bei Marketingfans in die Geschichte eingegangen ist: »At 60 miles an hour the loudest noise in this new Rolls-Royce comes from the electric clock.«[7]

David Ogilvy hat sich drei Wochen fast rund um die Uhr mit Rolls-Royce beschäftigt und hätte über das Auto sicherlich ein Buch schreiben können, doch es gelang ihm, die Story auf diesen einen Satz zu reduzieren.

Wie lautet dein unwiderstehliches Versprechen?

#018 Wie Worte wahr werden

Helmut Thoma ist einer der größten Medienmanager unserer Zeit, mittlerweile hat er sich zurückgezogen und tritt nur noch selten öffentlich auf. Der 1939 geborene Wiener hat eine bemerkenswerte Karriere hinter sich: Nach seiner Abendschul-Matura promovierte er 1962 zum Dr. jur. und begann etwas später als juristischer Mitarbeiter beim ORF, wo er von 1968 bis 1973 die Rechtsabteilung leitete. Als Prokurist startete er bei Radio Luxemburg, bevor er 1975 dort Geschäftsführer wurde. 1984 übernahm er die Direktion des Privatfernsehens von RTLplus in Luxemburg, Deutschland folgte zwei Jahre später.

Helmut Thoma war es, der RTL mit viel Gespür für die Medienlandschaft richtig groß gemacht hat, Anfang der Neunzigerjahre sogar zum erfolgreichsten und profitabelsten Fernsehsender Europas.

Seine beste Erfindung war anno dazumal aber nicht Tutti Frutti – eine Sendung, in der halbnackte Frauen auftraten, was in der heutigen Zeit vollkommen unvorstellbar wäre –, seine beste Erfindung war die »werberelevante Zielgruppe«[8].

RTL war damals das junge Fernsehen. Die Moderator:innen von ARD und ZDF waren meist viel älter als jene von RTL, früher gab es Ikonen des Fernsehens, und das Publikum war auch bei ARD und ZDF um einiges älter als bei RTL. Neu war auch, dass sich RTL ausschließlich aus Werbung finanzierte. Da zu jener Zeit die mächtigen Herren der großen Konzerne meist auch schon im vorgeschrittenen Alter waren und auch nur ARD und ZDF kannten, blieb das Werbebudget bei den arrivierten Sendern.

Thoma erfand den Ausdruck der »werberelevanten Zielgruppe von 18 bis 49 Jahren«[9] – denn dort hatte RTL bereits gute Zuschauerzahlen, und mit diesem neuen Begriff fuhr das Vermarktungsteam des Senders landauf, landab zu den großen Werbeagenturen und zu den großen Unternehmen, um an deren Budgets zu kommen.

Man muss nun wissen, und sich diese Tatsache auf der Zunge zergehen lassen: Es gibt keine wie immer geartete »werberelevante Zielgruppe«. Sogar Helmut Thoma selbst hat in dem ein oder anderen Interview zugegeben, dass dies eine seiner besten Erfindungen war! Und auch heute noch gibt es in der Werbebranche genügend Menschen, die von der »werberelevanten Zielgruppe« sprechen. Wie aber konnte sich diese Erfindung von Helmut Thoma nun dermaßen verbreiten und in der Branche festsetzen?

Nun: Wenn du eine Story nur immer wieder und immer wieder erzählst und sie so auch immer wieder gehört wird, dann wird sie irgendwann auch einmal »wahr« – besser gesagt: als wahr angenommen! Und dann entwickelt sie nach und nach eine unwiderstehlichen Anziehungskraft und zieht alle Aufmerksamkeit auf sich. Die Inhalte setzen sich in den Köpfen fest, und selbst ein kritischer Geist nimmt sie irgendwann als gegeben an. Wenn die Story und die Inhalte von so vielen Menschen verbreitet und wiederholt werden, nehmen die Menschen an, dass doch etwas dran sein muss: »Das muss doch stimmen!«, so die felsenfeste Überzeugung.

Sie erinnern sich? Durch die Pandemie, verschiedene Verschwörungstheorien und die Algorithmen der Social-Media-Plattformen (die eine unheilstiftende Allianz eingingen) entstanden Narrative, die man nicht im Traum für möglich gehalten hätte: Sie reichten von Zwangsimpfungen bis hin zu der Vorstellung, die Erde sei eine Scheibe. Leider haben sich diesen Erzählungen nicht wenige Menschen angeschlossen.

Als »Narrativ« wird seit den 1990er-Jahren eine sinnstiftende Erzählung bezeichnet, die Einfluss auf die Art hat, wie die Umwelt wahrgenommen wird. Also:

Wähle deine Worte weise und finde deine Geschichte. Finde ein Narrativ, das zu dir und zu deinem Angebot passt.

#019 Verstanden werden: Von Biergärten und Schweinshaxen

Das folgende Zitat wird Joseph Pulitzer, dem Journalisten, Herausgeber, Zeitungsverleger und Stifter des nach ihm benannten Pulitzer-Preises, nachgesagt: »Schreibe kurz – und sie werden es lesen. Schreibe klar – und sie werden es verstehen. Schreibe bildhaft – und sie werden es im Gedächtnis behalten.«

Viele Unternehmen scheitern daran, klare Worte und anschauliche Texte zu verfassen. Sie verwenden endlose und verschachtelte Sätze und meist viel zu viele Fremdwörter, sodass es die Leser:innen Wikipedia brauchen, um dahinterzukommen, was denn gemeint sein könnte.

Mein Tipp: Sprich und schreib so, dass es Kinder und Jugendliche verstehen, denn dann kannst du auch sicher sein, dass dich Führungskräfte und Akademiker:innen verstehen, deinen Worten lauschen und dir folgen können.

So sprechen viele Unternehmen: »Ein Zweibein sitzt auf einem Dreibein und isst ein Einbein. Da kommt ein Vierbein und nimmt dem Zweibein das Einbein weg. Da nimmt das Zweibein das Dreibein und wirft es dem Vierbein hinterher.« Alles (un)klar?

Meine österreichische Version dazu lautet: »Am Sonntag saß ich (Zweibein) im Biergarten bei einer knusprigen Schweinshaxe und einem Bier. Plötzlich läuft ein Hund (Vierbein) an mir vorbei und stiehlt mir meine Schweinshaxe (Einbein). Ich nehme den Hocker (Dreibein) und ...«

Besonders in der Politik kann man diese anschauliche Form der Kommunikation sehr gut beobachten: Geschulte Politiker:innen halten sich an diese Regel von Joseph Pulitzer und werden so von allen in der Bevölkerung gut verstanden, unabhängig von Bildungsgrad oder Einkommen.

Man schätzt, dass der deutsche Sprachschatz rund 300.000 Wörter umfasst. Im täglichen Gespräch verwenden wir 2.000 bis 5.000 Wörter. In der Kommunikation mit Kund:innen und Interessent:innen solltest du immer unten ansetzen, also davon ausgehen, dass der Sprachschatz nicht unbedingt an die 300.000 Wörter heranreicht.

Schreib und sprich bildhaft: Mach es deinem Gegenüber leicht, dich zu verstehen.

#020 Beste Kommunikation umfasst fünf Punkte

Gute Kommunikation ist eine der wesentlichsten Erfolgsfaktoren im Business – und übrigens in allen weiteren Lebensbereichen. Was aber macht »gute Kommunikation« aus? Wesentlich sind fünf Punkte.

Punkt 1: Klarheit

Eine klare und präzise Ausdrucksweise hilft, Missverständnisse zu vermeiden und sorgt dafür, dass das Gesagte gut verstanden wird. Klarheit brauchst du zuallererst auch für dich selbst, nur wer sich mit dem beruflichen Umfeld im Klaren ist, kann auch klar sprechen oder schreiben. Wenn deine Gedanken und/oder Gefühle ein chaotisches Durcheinander darstellen und du selbst keinen Durchblick in einer Sache hast, was vermittelst du dann deinem Gegenüber? Ohne gedankliche Klarheit kannst du keine Klarheit im Ausdruck erreichen. Und dein Gegenüber wird dich ebenso nicht verstehen können.

Punkt 2: Ehrlichkeit

Eine offene und ehrliche Kommunikation schafft Vertrauen unter Menschen und erleichtert deshalb eine erfolgreiche Zusammenarbeit. Vieles muss nicht mehrmals auf den Tisch und gegenseitig schriftlich bestätigt werden, weil man einander vertraut – du kennst das als Handschlagqualität! Ein zentraler Punkt in Sachen Ehrlichkeit ist: Du musst nicht alles sagen, was wahr ist, doch was du sagst, muss wahr sein. Die fachlich und sachlich ehrliche Antwort ist immer nur einen Mausklick entfernt, das Internet kennt keine Geheimnisse mehr. Ein Suchergebnis im Internet würde ganz rasch deine Beschönigungen oder Falschinformationen entblößen, und das wiederum zerstört jegliches Vertrauen!

Punkt 3: Aktives Zuhören

Einander zuzuhören ist entscheidend, um die Bedürfnisse und Perspektiven anderer Menschen zu verstehen. Es bedeutet, sich auf das Gesagte zu konzentrieren und sich darauf einzulassen. Es bedeutet, Fragen zu stellen und auch nachzufragen, um tatsächlich zu verstehen – und nicht nur, um Verständnis zu zeigen oder vorzutäuschen. Oft hören wir nur zu, um gleich bei der nächsten Gelegenheit selbst zu Wort zu kommen – ohne das Gegenüber wirklich verstanden zu haben.

Punkt 4: Empathie

Empathie bedeutet, sich bewusst in die Lage anderer Menschen zu versetzen und ihre Gefühle und Perspektiven zu verstehen. Das ist nicht immer ganz leicht, aber du solltest es versuchen – der Wille zählt und wird wertgeschätzt! Um zum Beispiel eine Beziehung zu Kund:innen aufzubauen, ist es hilfreich, sich auf eine Wellenlänge mit ihnen zu begeben. So kann der Funke des Verständnisses überspringen.

Punkt 5: Respekt

Bleiben für kurz beim Verkauf: Der respektvolle Umgang mit Kund:innen ist ein sehr wichtiger Aspekt guter Kommunikation. Es bedeutet, die Meinungen und Bedürfnisse anderer zu respektieren, selbst wenn sich diese von unseren unterscheiden. Übrigens: Toleranz ist die schwache Schwester des Respekts und daher zu wenig! Kund:innen sind heute mehr als nur mündig, sie verfügen oft über ein exzellentes Fachwissen und wollen auf Augenhöhe und vor allem mit Respekt behandelt werden.

Diese Punkte gelten in allen kommunikativen Situationen, beruflich wie privat. Wenn du sie beachtest, wirst du dir das Leben in vielerlei Hinsicht erleichtern – und es überdies bereichern. Und wie lernst du das? Ganz einfach: durch Übung, Übung und Übung.

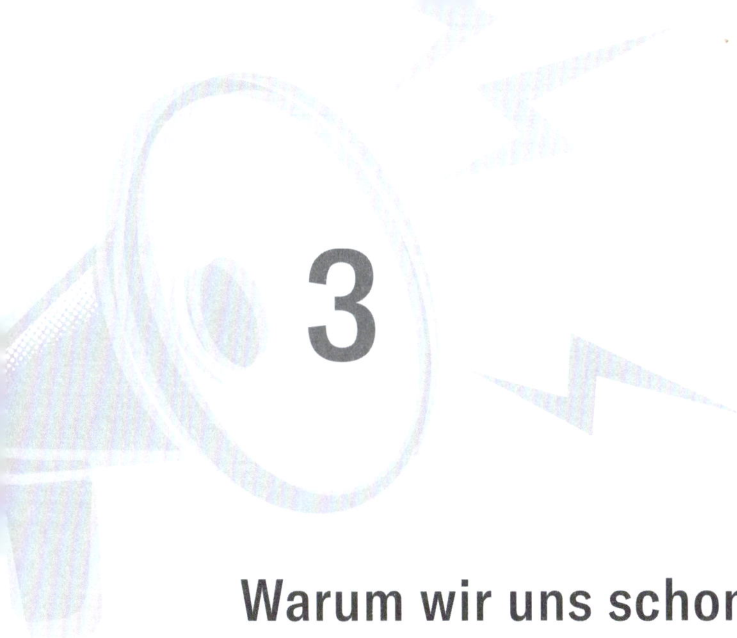

3

Warum wir uns schon immer gute Geschichten erzählen

Tauch nun ein in die Geschichte des Corporate Storytellings. Es ist nicht neu, dass Geschäftsleute erkennen, wie wichtig es ist, mit Geschichten an die Menschen heranzutreten, um zu verkaufen. Zudem bekommst du eine Menge handfester Tipps und Tricks an die Hand, die du in der täglichen geschäftlichen Kommunikation effektiv einsetzen kannst.

Nicht nur die Struktur deiner Geschichte ist wichtig, auch das Beantworten bestimmter Fragen. Spoiler: Es geht NICHT um das WAS! Klar bist du stolz auf dein Produkt, aber die Menschen wollen etwas ganz anderes wissen …!

#021 »Storytelling im Business«: Wie alles begann

Viele glauben, das Thema »Storytelling im Business« sei ein Thema, das mit der digitalen Welt aufgekommen sei. Wie eingangs schon erwähnt, komme ich aus dem Verlagsbereich, und bis zur Jahrtausendwende waren Kundenmagazine in Printform der wesentliche Werbekanal. Danach setzte sich der Begriff »Corporate Publishing« durch, bis dieser durch »Content Marketing« abgelöst und auf mehrere Medienkanäle ausgeweitet wurde.

Begonnen hat Kundenkommunikation aber selbstverständlich schon viel früher. Noch bevor 1605 die ersten gedruckten Zeitungen in Europa erschienen, wurden von den Brüdern Octavian Secundus und Philipp Eduard Fugger handschriftliche Briefe und Zeitungen an deren Kund:innen verfasst. Die von 1568 bis 1605 produzierten Fuggerzeitungen[10] umfassen in Summe rund 35.000 Seiten.

Der Kunden- und Freundeskreis des Handelshauses Fugger wurde in den Zeitungen über das aktuelle Handelsgeschehen und über die Themen Politik und Krieg informiert. Für die Adressaten der Fugger-Briefe waren dies äußerst interessante und nützliche Informationen aus einer sehr vertrauenswürdigen Quelle. Mit den Fugger-Briefen war das Unternehmen immer wieder mit seinen Geschäftspartner:innen und Kund:innen in Kontakt, man vermittelte Kompetenz und Wissen rund um das politische und wirtschaftliche Weltgeschehen und baute dadurch enormes Vertrauen auf.

Es geht in der Kundenkommunikation nicht um Produktwerbung oder Verkaufsangebote, es geht um den Aufbau und die Pflege einer Vertrauensbasis. Es geht darum, mit den für den Kundenkreis wichtigen Themen präsent zu sein und Kompetenz zu vermitteln. Die Angebotsanfrage kommt vielfach von ganz allein. Heute fällt das in den Bereich des Sogmarketings, ein Begriff, den die Gebrüder Fugger sicherlich nicht kannten.

Kunden suchen nicht nach Werbung, sie suchen nach Information, Inspiration, Führung und Unterhaltung.

#022 Der Schmied und sein Pflug

Es war am Ende des 19. Jahrhunderts: Ein einfacher Schmied in den USA zog von Farm zu Farm, um seinen selbstgeschmiedeten Pflug zu verkaufen. In den Gesprächen mit den Farmern tauschte man Neuigkeiten aus, der Schmied erkannte bald den Wissensdurst der Farmer und entschloss sich, eine gedruckte Kundenzeitung auf den Markt zu bringen – die erste Kundenzeitung weltweit.

1897 erschien THE FURROW erstmalig und berichtete darüber, was sich in der Welt der Farmer und Rancher ereignete. In der Zeitung fanden sich Tipps und Tricks, um die Ernten zu sichern, den Ertrag zu steigern und das Leben der Farmer zu erleichtern. Berichtet wurde von Missgeschicken und auch von Klatsch und Tratsch aus nahen und fernen Orten.

Mit dieser Zeitung und einer gut organisierten Verteilung konnte der Schmied seine Kundenkontakte vervielfachen, er musste nicht mehr selbst zu den Farmen fahren, denn die Farmer kamen mehr und mehr in seine Schmiede. Da er nun nicht mehr von Farm zu Farm reisen musste, konnte er sich auf die Produktion konzentrieren. Er steigerte Auflage und Verteilung seiner Kundenzeitung, verkaufte immer mehr Pflüge und baute ein Unternehmen auf. Der Name des Schmiedes war: John Deere! Wann immer du über das Land fährst, siehst du die grünen Traktoren der Marke John Deere.

John Deere ist seit vielen Jahren Weltmarktführer in der technischen Landwirtschaft. Das Magazin THE FURROW gibt es übrigens immer noch und wurde auf alle digitalen Kanäle erweitert.

Sehr oft spreche ich mit Klein- und Mittelunternehmern, und viele vermuten, dass das Thema »Storytelling« irgendwann später für sie Sinn ergeben wird. Später, wenn sie gutes Geld verdienen. Ihnen sei gesagt: John Deere hätte ohne gutes Storytelling nie Geld verdient!

Morgen wirst du dir wünschen, du hättest bereits gestern damit begonnen, dein Business mit Storytelling voranzubringen. Also nichts wie ab in die Storytelling IdeenSCHMIEDE!

#023 Der doppelte Michelin

Für den wahren Genussmenschen ist der Guide Michelin eine Pflichtlektüre, und für die allermeisten ist die Namensgleichheit mit einem der größten Reifenhersteller der Welt ein reiner Zufall. Auch wenn viele glauben, beides habe nichts miteinander zu tun, so war es der Reifenhersteller, der 1900 den ersten Guide Michelin auf den Markt brachte. Am Cover des Restaurantführers ist auch immer noch das weltberühmte Michelin-Männchen zu sehen.

Wie genau kam es dazu? Nun, Michelin verdiente damals sein Geld mit Fahrradschläuchen und erkannte frühzeitig, dass die Mobilitätsform der Zukunft das Auto sein wird. Um das Jahr 1900 gab es in Frankreich nur rund 3.000 Autos, und dennoch hat Michelin 35.000 Exemplare des Guide Michelin gedruckt und kostenlos verteilt.

Damals waren die Straßen voller Schlaglöcher und es war wichtig zu wissen, wo es eine nächste Servicestation gab, wie man kleine Reparaturen selbst durchführen kann, und wo man eine der wenigen Tankstellen fand. Mit dem überproportionalen Mehrdruck des Guides wollte Michelin auch Werbung für das Auto machen, denn der Luftschlauch und die Reifen sollten das große Geschäft von Michelin werden.

Und jetzt kommt der entscheidende Punkt: Je öfter und je weiter man mit einem Auto fuhr, desto öfter brauchte es wegen der schlechten Straßen auch neue Reifen, weshalb Michelin ab 1923 Restaurants- und Hoteltipps in den Guide Michelin aufnahm.

Entstanden als eines der ersten Content-Marketing-Produkte, das seinen Leser:innen wichtige Informationen bot und sie inspirierte, weiterzureisen und gute Hotels und Restaurants zu besuchen, ist der Guide Michelin heute einer der besten Restaurantführer der Welt.

Die Verknüpfung von gutem Storytelling und einfallsreichem Content Marketing war und ist für die allermeisten Marktführer immer schon ein möglicher Weg zum Erfolg. Überlege, welchen zusätzlichen Nutzen du deinen Kunden bieten kannst.

#024 Wer will guten Kuchen backen, der muss haben sieben Sachen

»Kochen und backen« ist heute so populär wie noch nie und seit vielen Jahren im Trend. Egal ob in TV oder auf YouTube: Sendungen und Videos rund um das Thema begegnen uns fast täglich. Viele TV-Köchinnen und -Köche stehen gefühlt öfter im Fernsehstudio als hinter dem eigenen Herd. Jahr für Jahr erscheinen zigtausende neue Kochbücher, obwohl der Umsatz an Fertigprodukten aus dem Supermarkt stetig steigt – und das ist doch dann mehr als erstaunlich!

Alle bekannten Köchinnen und Köche vermarkten sich selbst über Kochbücher, vielfach kommen andere Produkte wie Kochschürzen, Gewürze, Eingemachtes und Eingefrorenes dazu. Eines der auflagenstärksten Kochbücher entstand allerdings im Auftrag eines Apothekers: 1893 fand Dr. August Oetker nach vielen Versuchen die richtige Rezeptur für das Backpulver. Um den Menschen am Herd – damals überwiegend Frauen – zu zeigen, wie gut Backpulver wirkt und was damit alles gelingt, wurde die Hauswirtschaftslehrerin Emilie Henneking beauftragt, ein Kochbuch zu schreiben. Sie sollte ihre Erfahrungen, ihr Wissen, ihre Rezepte zusammenfassen und mit den Hausfrauen teilen. Der Titel des Kochbuches war schlicht »Dr. Oetker Schulkochbuch«, und es wurde über 19 Millionen Mal verkauft[11].

Bis heute sind unzählige Bücher im Dr. Oetker-Verlag erschienen – nur, weil ein findiger Apotheker die Idee hatte, die Menschen in der Küche mit neuen Rezepten und Tipps zu inspirieren.

Das Backpulver ist nur eine kleine Zutat eines Backwerks, doch wenn ein Kochbuch dieser Marke in Millionen von Haushalten steht, dann wirst du bei deinem nächsten Einkauf auch wieder zu Backpulver von Dr. Oetker greifen.

Es ist nicht entscheidend, ob dein Produkt das Endprodukt oder nur ein kleiner Teil des Ganzen ist. Entscheidend für den Erfolg ist, dass Kund:innen sich wünschen, dass du ein Teil davon bist. Dazu müssen sie wissen, dass es dich gibt, was du kannst und tust und warum du unverzichtbar bist. Intel inside!

Oft verlieren wir Aufträge nicht an bessere Mitbewerber, wir verlieren Aufträge an unsere Unsichtbarkeit.

#025 Von Seifenopern und Seifen- und Waschmittelherstellern

Viele glauben, dass ein neuer Medienkanal den alten und bis dahin genutzten Medienkanal sterben lassen wird. Als das Radio erfunden und zum Massenmedium wurde, glaubte man, dass keiner mehr Zeitungen lesen würde. Als das Fernsehen kam, wurde das Radio für tot erklärt, und mit dem Internet, so die Prognose, müssten Zeitungen, Magazine, Radio und Fernsehen den Weg zum Insolvenzgericht antreten. Tatsache ist: Alle Formate gibt es noch, und es wird sie wohl auch noch viele Jahre geben, nicht alle, doch immer noch eine ganze Menge.

Storytelling im Business war bis zu den Dreißigerjahren des letzten Jahrhunderts ein Bereich, der sich gedruckt abspielte, bis am 10. Oktober 1932 die Soap-Opera »Betty and Bob«[12] erstmals im Radio bei NBC on Air ging. »Betty and Bob« war ein Hörspiel, in dem die Dialoge eines Paares rund um das alltägliche Leben einer Familie in den USA der Dreißigerjahren im Mittelpunkt standen. In den Werbeblöcken dazwischen wurden vorwiegend Haushaltsprodukte des täglichen Bedarfs angeboten, wobei die Waschmittelhersteller eine führende Rolle übernahmen.

1933 präsentierte Procter & Gamble, damals schon einer der großen Seifen- und Waschmittelhersteller, eine für die Hausfrau gedachte Radioserie. Das war die Geburtsstunde der Soap-Opera, der Begriff Seifenoper war geboren.

Heute produzieren Unternehmen Corporate Podcasts, betreiben Youtube-Kanäle und richten sich Newsrooms und Videostudios ein, um genau dorthin wieder zurückzukehren, wo vor über 90 Jahren die Seifenoper entstand.

Eines gilt damals wie heute: Wenn du nur plump deine Produkte verkaufen willst, dann solltest du weiter bei schreiender und nerviger Werbung bleiben. Wenn du allerdings mit deinen Kund:innen ins Gespräch kommen willst, ehrliches Interesse an deren Problemen und Lösungen hast, dann ist es unabdingbar, Kanäle für Storytelling zu etablieren.

#026 Storytelling – mehr als nur ein Glühwürmchen

Storytelling ist eine der ältesten Formen der Kommunikation und existiert seit den Anfängen der menschlichen Zivilisation. Es gibt Hinweise darauf, dass schon in der Frühgeschichte Geschichten erzählt wurden, um Informationen und Wissen weiterzugeben, um zu unterhalten und um Traditionen und kulturelle Werte zu bewahren.

Was mit Höhlenmalerei und Felsenzeichnungen begann, führte zu den verschiedensten Erzählweisen und -techniken. Wir nutzen heutzutage das Geschichtenerzählen seit früher Kindheit und lassen uns seit vielen Jahrzehnten über Storys in Nachrichten und Dokumentationen informieren und von Hollywood und unzähligen Blockbustern stundenlang unterhalten.

Storytelling hat den Vorteil, dass es eine emotionale Verbindung zu den Menschen herstellt und sie auf eine Reise mitnimmt. Es geht dabei nicht nur um die bloße Übermittlung von Informationen, sondern um die Schaffung von Erlebnissen und Emotionen, die bei den Empfänger:innen hängenbleiben und sie positiv beeinflussen können. Im Gegensatz dazu ist Werbung oft rein funktional und zielt darauf ab, Produkte oder Dienstleistungen direkt zu verkaufen, ohne dabei eine Verbindung zu den Emotionen und Erlebnissen der Kunden herzustellen.

Marken und Unternehmen können eine Geschichte erzählen, die ihre Werte und Visionen vermittelt und das Publikum inspiriert und motiviert. Eine Geschichte kann auch dazu beitragen, ein Markenimage aufzubauen und das Vertrauen der Verbraucher:innen zu gewinnen, indem es eine menschliche Seite des Unternehmens zeigt und eine Verbindung zu den Bedürfnissen und Interessen des Publikums herstellt.

Gute Geschichten überzeugen auf subtile Art und Weise, indem sie die Menschen, deine Kund:innen, dazu anregen, Schlussfolgerungen selbst zu ziehen, anstatt den Behauptungen der Werbung Glauben schenken zu müssen. Wenn Geschichten darüber hinaus eine fesselnde Handlung und sympathische Charaktere aufweisen, die bestenfalls auch noch Parallelen zu deinen Kund:innen zeigen, dann kann Storytelling das Publikum dazu bringen, sich mit der Marke und/oder dem Unternehmen zu identifizieren und sie in ihr Leben zu integrieren.

Es gibt viele Gründe, warum Storytelling wirkt, doch diese drei sind wesentlich:

- *Grund 1 – emotionaler Einfluss:* Geschichten haben die Kraft, Emotionen zu wecken und uns in eine bestimmte Stimmung zu versetzen. Sie können uns glücklich, traurig oder wütend machen, uns ängstlich stimmen oder faszinieren. Diese emotionalen Reaktionen tragen oft dazu bei, dass wir uns besser mit der Geschichte identifizieren. Wir speichern die Inhalte durch die emotionale Beteiligung besser ab.
- *Grund 2 – Gehirnaktivität:* Wenn wir eine Geschichte hören oder lesen, werden bestimmte Bereiche unseres Gehirns aktiviert, die für das Verstehen von Sprache, das Verarbeiten von Emotionen und das Schaffen von Bildern zuständig sind. Dadurch wird die Geschichte lebendiger und kann unser Gehirn auf eine Weise stimulieren, die bei anderen Arten der Informationsvermittlung nicht möglich ist.
- *Grund 3 – Gedächtnisbildung:* Geschichten sind oft so gestaltet, dass sie eine bestimmte Struktur haben, die es uns erleichtert, sie uns zu merken und wiederzugeben. Durch Wiederholungen und die Verwendung einer bildhaften Sprache, durch einen inhaltlichen Spannungsbogen und die klare Abfolge von Ereignissen können Geschichten unsere Gedächtnisbildung verbessern und uns helfen, Informationen besser zu behalten. Und wenn sich der emotionale Gehalt der Geschichte tief in unserem Gedächtnis verankert hat, können wir uns oft auch an Geschichten erinnern, die wir bereits vor längerer Zeit gehört haben.

Aufgrund dieser Merkmale wirkt Storytelling wie ein Blitz. Mark Twain soll es so ausgedrückt haben: »Der Unterschied zwischen dem richtigen Wort und dem beinahe richtigen, ist der gleiche wie zwischen einem Blitz und einem Glühwürmchen.«

Storytelling wirkt emotional und inspirierend und ist deshalb nachhaltiger und effektiver, als es traditionelle Werbung jemals sein wird

#027 Vom Sehen, Hören und Fühlen

Um Menschen zu erreichen, müssen sie auf verschiedenen Kanälen angesprochen werden. Damit sind aber nicht die verschiedenen Medienkanäle gemeint, sondern die sogenannten Metaprogramme: Je nachdem, welcher Wissenschaft man Glauben schenkt, wird menschliche Wahrnehmung und das daraus folgende Verhalten von sieben, zwölf oder mehr inneren Programmen bestimmt.

Das sind Hürden, die es zu überwinden gilt. Stell dir dazu elektrische Schiebetüren vor – manche gehen automatisch sofort auf, bei manchen musst du einen Knopf drücken, einen Code eingeben, manchmal stehen Menschen davor und winken. Und manchmal bleibt die Tür auch einfach verschlossen, und das bedeutet, dass deine Botschaften bei deinen Kund:innen leider nie ankommen werden. Oft passiert es auch, dass sich die erste Tür gar nicht öffnet. Und diese erste Tür ist die entscheidende, nämlich die Wahrnehmung.

Menschliche Wahrnehmung erfolgt über das Sehen, Hören, Fühlen, Riechen und Schmecken – wobei die meisten Menschen mit den ersten drei Kanälen ihre Umgebung erfassen. Entscheidend sind also das Sehen, Hören und Fühlen. Wir sprechen von visueller, auditiver und kinästhetischer Wahrnehmung.

Was bedeutet das nun für dich und deine Ansprache deiner Kund:innen? Es ist wichtig, den Kunden oder die Kundin jeweils auf dem Kanal anzusprechen, der für ihn oder sie von großer Bedeutung ist. Der visuelle Mensch muss sehen können, der auditive Mensch muss hören oder lesen können (lesen ist auditiv), der kinästhetische Mensch muss fühlen können. Und es ist deine Aufgabe, herauszufinden, mit welchen Menschen du zu tun hast, und dann mit ihm auf dem für ihn entscheidenden Kanal zu kommunizieren.

Dazu ein Beispiel aus der analogen Welt, Schauplatz Küchenstudio: Der Verkäufer sagt: »Sehen Sie sich die Verarbeitung an, die Maserung des Holzes …« Eine Kundin streicht mit den Händen über das Holz, fühlt, wie plan der Hochschrank verarbeitet ist. Ein anderer Kunde wendet ein. »Mich spricht das nicht an.« Das heißt, es prallen drei verschieden ausgeprägte Wahrnehmungskanäle aufeinander. Wenn der Verkäufer immer weiter bei seinem »Sehen Sie doch …« und damit auf dem visuellen Kanal verbleibt, kann kein Geschäftsabschluss zustande kommen. Der Verkäufer ist ein visueller, die Kundin ein kinästhetischer und der Mann ein auditiver Mensch. Der Verkäufer muss von seiner visuellen Ansprache abweichen und die zwei Kund:innen auf ihrem jeweiligen bevorzugten Kanal ansprechen.

Im digitalen Raum gelten die gleichen Gesetze – Menschen müssen auch in der digitalen Welt auf ihren Kanälen erreicht und angesprochen werden, und hierbei ist es von immenser Bedeutung, wie man tickt, welchen Programmen man folgt.

Kommen wir zu einem weiteren Beispiel, es geht dabei um ein Fitnesscenter: Der Chef ist bestens trainiert und legt Wert auf einen fitten Körper, er ist zudem immer chic und modisch gekleidet. Er ist – idealtypisch gesprochen – zu 55 Prozent ein kinästhetischer Mensch, zu 35 Prozent visuell veranlagt und zu 10 Prozent auditiv. Doch ihn plagt ein Problem: Seine Instagram-Kampagne performt nicht. Woran liegt das? Klar ist, auf Instagram triffst du oft auf visuell orientierte Menschen. Etwas zu tun, zu handeln, aktiv mit den Händen zu arbeiten – all das sind aber Dinge, die eher der Kinästhesie zuzuordnen sind. Ich vermute, User von Instagram gehen lieber zu Peek & Cloppenburg, um sich neu und chic einzukleiden. Ein Fitnesscenter suchen sie wohl eher selten auf. Instagram-Werbung für das Fitnesscenter ist eher kontraproduktiv, für Peek & Cloppenburg hingegen perfekt.

Übrigens erkennt man stark ausgeprägte Wahrnehmungskanäle oft auch an der Kleidung: Der visuelle Mensch – modisch, chic und elegant. Der kinästhetische Mensch – Hauptsache bequem, Jogginghose und Schlabberpulli. Der auditive Mensch – der Lehrer, der typische Uniprofessor oder Beamte.

Wie gelingt es dir, deine Kund:innen auf dem Wahrnehmungskanal anzusprechen, der jeweils wichtig für sie ist?

#028 Nur mal angenommen …

Nur mal angenommen, es gäbe eine einfache Drei-Punkte-Formel oder den ultimativen Satz, mit dem du mehr Aufmerksamkeit für dich, deine Produkte und Angebote erreichst, mit dem du mehr Kund:innen gewinnst und mehr Umsatz und Gewinn erzielst. Und nur mal angenommen, ich könnte dir dieses Geheimnis, dieses Werkzeug mit auf den Weg geben – dann hätte sich doch das Lesen dieses Buches für dich mehr als gelohnt.

Angenommen, diese Formel lautet einfach: »Nur mal angenommen« – damit kannst du im Kopf deiner Kund:innen genau die Bilder und genau die Geschichte erschaffen und kreieren, in der sie, die Kund:innen, die Hauptrolle spielen, vom Anfang bis zum Happy End – und das Happy End ist im Business meistens der Kauf. Mit einer guten Geschichte, die mit der Formel »Nur mal angenommen« beginnt, wird aus dem Verkaufen ein »Kaufen lassen«. Du verkaufst nicht mehr, sondern die Kund:innen entscheiden sich zum Kauf.

Du kannst die Formel in den verschiedensten Versionen in deinen Verkaufsgesprächen einsetzen:

- »Nur mal angenommen, wir einigen uns auf das Modell, welche Farbe würden Sie wählen?«
- »Nur mal angenommen, Sie entscheiden sich für die Deluxe-Version, wann wollen Sie es geliefert haben?«

Mit »Nur mal angenommen« oder mit der Formulierung »Stellen Sie sich vor« beginnt im Kopf deines Gegenübers eine Story. Wenn du es dann auch noch schaffst, dass dein Gesprächspartner in dieser Story selbst vorkommt und eine aktive Rolle spielt, dann kommt er aus dieser Story nicht mehr heraus, denn dann badet er geradezu in einer Geschichte, in der er selbst ja die Hauptrolle spielt.

Das Vorgehen erinnert an einen Tagtraum, bei dem du dir vorstellst, durch einen Weingarten in der Toskana zu spazieren, am Strand zu sitzen und auf das Meer zu blicken. Das heißt, viele von uns sind sehr gut in der Lage, sich eine Story oder einen Film vorzustellen, in dem sie selbst vorkommen und eine Rolle spielen. Versuche also, zum Regisseur oder zur Regisseurin des Films im Kopf deines Gegenübers zu werden. Als Storyteller gestaltest du die Bilder im Kopf deiner Kund:innen.

Stellen wir uns vor, es ist zehn Uhr abends, ein Mann und eine Frau liegen im Bett, der Mann ist kurz vor dem Einschlafen und die Frau fragt ihn: »Du, Schatz, nur mal angenommen, ich wäre tot, ich wäre nicht mehr da, würdest du wieder heiraten?« Der Mann denkt ganz kurz nach und sagt »Nein«. »Magst du es nicht, verheiratet zu sein?« – »Natürlich, Schatzi!« »Also nur mal angenommen, ich wäre tot, würdest du wieder heiraten?« – »Ja!« »... würde die Person dann auch in unserem Bett schlafen?« – »Schatz, du kennst unsere Wohnung, Wohnzimmer, Essecke, Schlafzimmer, ich kann sie ja nicht auf der Couch schlafen lassen«, »... also nur mal angenommen, ich wäre tot, würdest du auch meine Bilder wegräumen?«, » ... also nach einer kurzen Zeit wäre es schon angemessen« »... und würde die Person auch meine Golfschläger kriegen?« – »Nein, Schatz, sie ist doch Linkshänderin!«

Du siehst, mit der Technik »Nur mal angenommen« kommst du aus dieser Geschichte nicht mehr raus! Die Frau hat den Mann in ihre Geschichte reingezogen, in die Story, in der sie sich vorstellt, nicht mehr da zu sein. Sie bestimmt mit »Stell dir vor« oder mit »Nur mal angenommen«, welche Bilder im Kopf ihres Mannes entstehen.

Mit »Nur mal angenommen« holst du die Kund:innen in deine Welt, und je besser du die Geschichten erzählst, je unterhaltsamer diese Storys sind, je spannender oder informativer, desto tiefer taucht dein Gegenüber emotional in deine Welt ein.

#029 Das Aneinandervorbeireden möglichst verhindern

Angeblich soll Kurt Tucholsky auf die Frage: »Wie sprechen Menschen mit Menschen?« geantwortet haben: »Aneinander vorbei«. Von Paul Watzlawick[13] kennen wir die Erkenntnis: Kommunikation ist das, was beim anderen ankommt.

Wir glauben immer, Kommunikation ist das, was ich sage oder tue – doch in Wirklichkeit ist es das, was mein Gegenüber versteht. Warum ist das so? Vera F. Birkenbihl beschreibt es in »Stroh im Kopf?« so: Wir denken in Bildern und übersetzen das Bild in Sprache, dabei gehen mindestens 20 Prozent der Informationen verloren – dann gehen Informationen auf die Reise und verlieren weitere 40 Prozent an Inhalt. Beim Empfänger angekommen, werden die Worte wieder in Bilder zurückverwandelt, und dabei gehen weitere 20 Prozent des Inhalts verloren. Bestenfalls kommen also 20 Prozent bei meinem Gegenüber an, doch meistens ist es noch viel weniger. Und das, was ankommt, wird dann auch noch falsch interpretiert, weil die Menschen über verschiedene Wahrnehmungskanäle verfügen.

Erschwerend kommt hinzu: Neben den Wahrnehmungskanälen gibt es noch weitere wichtige Programme, die für die Kommunikation von Mensch zu Mensch wichtig sind. Lass uns einige dieser Programme betrachten. Wichtig ist, dass du sie kennst und bei der Entscheidung, wie du mit einem Menschen kommunizierst, beachtest. Beginnen wir mit dem Programm »Pioniere und Bewahrer«.

Das Programm »Pioniere und Bewahrer«

Wir alle kennen Leute, die permanent den Job wechseln wollen, ständig nach einem neuen Urlaubsziel suchen, ein neues Auto oder auch eine neue Beziehung brauchen. Andere tun sich hingegen schwer damit, sich auf Neues einzustellen. Aber Achtung – wir sollten dabei nicht werten: Wir brauchen im Unternehmen beide Haltungen.

Diese beide Menschen- und Verhaltenstypen nennen wir Pioniere und Bewahrer. Diese Verhaltenstypen solltest du unterschiedlich ansprechen: Bei den innovativen Pionieren verfangen andere Argumente als bei den Bewahrern, die den Status quo erhalten wollen. Während du den Pionieren verdeutlichen musst, dass zum Beispiel eine Aktion im Unternehmen ihnen die Gelegenheit eröffnet, Neuland zu betreten, etwas Neues zu wagen und kreativ zu sein, solltest du bei den Bewahrern anders agieren und ihnen sagen, dass jene Aktion langfristig zur Stabilisierung der Firma und zur Sicherung der Arbeitsplätze beiträgt.

Das heißt, dass du deine Kommunikation möglichst typenindividuell ausrichten solltest.

Das Programm »Innerer Bezug – äußerer Bezug«

Bei dem Programm geht es darum, ob man sich an den eigenen Werten und Regeln (innerer Bezug) oder an den Meinungen anderer orientiert (äußerer Bezug). Dabei gilt: Für wen die eigene Beurteilung wichtig ist, der braucht wenig Anerkennung von anderen, und das klingt fürs Erste auch sehr gut. Doch der Nachteil ist: Solche Menschen verstehen nicht, dass andere Menschen durchaus Anerkennung brauchen. »Menschen merken doch selbst, dass sie das gut gemacht haben, und brauchen mein Feedback nicht.« Das bedeutet aber: Wenn du weißt, dass du selbst einen starken inneren Bezug hast, musst du lernen, anderen Menschen Feedback zu geben, sonst »verhungern« die Leute neben dir.

Der Unterschied zwischen innerem und äußerem Bezug zeigt sich an diesen Beispielen:

- »Ich bin noch nicht überzeugt« – dieser Ausdruck bedeutet einen inneren Bezug.
- »Sie haben mich noch nicht überzeugt« – das bedeutet einen äußeren Bezug.

Wie sprichst du am besten mit Menschen, die einen starken inneren Bezug haben? »Sie wissen selbst am besten, was für Sie die optimale Lösung ist«.

Und wie mit Menschen, die einen starken äußeren Bezug haben? »Mehr als 80 Prozent der Kunden haben sich für dieses Modell entschieden, es hat auch die besten Nutzerbewertungen.« Dieser Mensch braucht Feedback und Zustimmung, er braucht meist den Partner, eine Freundin, einen Kollegen, um eine Entscheidung treffen zu können. Bei der Urlaubsentscheidung hilft es, zu sagen: »Herr Maier, Frau Müller und Frau Huber haben es toll gefunden« Das braucht dieser Typ für seine Entscheidung. Für einen Menschen mit einem inneren Bezug ist dieser Hinweis hingegen beinahe schon Körperverletzung.

Das Programm »Ziel oder Problem«

Menschen haben eine Präferenz dafür, entweder auf das zu achten, was sie wollen, oder das zu vermeiden, was sie nicht wollen. Sie agieren also entweder zielorientiert oder problemorientiert. Darum solltest du deine Kommunikation so ausrichten, dass du entweder die Zielorientierung oder die Problemorientierung unterstützt.

Das Programm »Heute oder morgen«

Menschen haben unterschiedliche Vorlieben für die Art und Weise, wie sie ihre Zeit organisieren und priorisieren. Einige Menschen planen gerne langfristig und denken über zukünftige Möglichkeiten nach, agieren also zukunftsorientiert. Andere wiederum konzentrieren sich eher auf die Gegenwart und handeln schnell, agieren mithin präsentationsorientiert.

Die beschriebenen Verhaltensmuster dürfen nicht als absolute und unveränderliche Eigenschaften betrachtet werden, sondern als dynamische Muster, die sich im Laufe der Zeit und in verschiedenen Situationen verändern können. Indem wir uns bewusst machen, welche Metaprogramme bei uns und anderen Menschen vorherrschen, können wir besser verstehen, wie wir am besten kommunizieren und zusammenarbeiten können.

Bevor du versuchst, andere Menschen zu »lesen«, solltest du wissen, wie du selbst »funktionierst« und tickst.

#030 Vorbereitet sein

»Am meisten Vorbereitung kosten mich immer meine spontan gehaltenen, improvisierten Reden.« Ich hätte nicht gedacht, dass dieses Zitat wohl auf Winston Churchill zurückgeht, doch allzu sehr hat es mich auch nicht überrascht.

Sich auf eine große Rede vorzubereiten ist für alle eine klare Sache, sich auf seine Kunden vorzubereiten, sich mit den Metaprogrammen seiner Kund:innen, Kolleg:innen und Mitmenschen zu beschäftigen, sich eine Kommunikationsstrategie festzulegen und bestenfalls auch noch gute Geschichten bereit zu legen, ist im Business eher selten. Manch einer denkt, dass dies Sinn ergibt, wenn es um Aufträge in Millionenhöhe geht. Und wenn es um Hunderte oder Tausende Euro geht, dann reiche es schon, sprechen oder schreiben zu können.

NEIN, es reicht eben HEUTE nicht mehr, nur reden oder schreiben zu können. Du musst wissen, wie Menschen funktionieren, wie deren innere Programme ablaufen und wie du diese für dich und dein Angebot nutzen kannst.

Von Charles Darwin wissen wir, dass nicht die stärkste Spezies *überlebt und* auch *nicht* die intelligenteste, sondern diejenige, die am ehesten bereit ist, sich anzupassen und zu verändern! Im Business ist es ähnlich: Die allermeisten Unternehmen gehen gut mit dem Wandel um, passen ihre Produkte an die Lebensumstände ihrer Kund:innen an – und manchen Unternehmen und Branchen gelingt das eben nicht.

Am allerwenigsten Anpassung sehe ich in der Werbung und in der Kommunikation. Es gibt Unternehmen, deren Führungskräfte glauben, dass man sich allein schon mit der Eröffnung eines TikTok-Kanals einer neuen Kommunikation anpasst – doch ein neuer Medienkanal hat nichts mit der Art und Weise zu tun, wie Menschen ticken und wie Menschen kommunizieren. Die richtige Reihenfolge ist eine andere:

Erst musst du Kund:Innen kennen und verstehen, dann folgt die Art und Weise, wie kommuniziert wird – und erst dann folgt die Wahl des »richtigen« Kommunikationskanals.

#031 Mit Storytelling zum Nobelpreis

Daniel Kahneman, der Nobelpreisträger für Wirtschaftswissenschaften und Autor von »Thinking, Fast and Slow« (»Schnelles Denken, langsames Denken«), hat zwar nicht direkt über das Thema »Storytelling« gesprochen, aber seine Arbeit über menschliche Entscheidungsprozesse und kognitive Verzerrungen kann auf das Schreiben von Geschichten angewendet werden. Manchmal erscheint das Lesen der über 600 Seiten starken Pflichtlektüre etwas sperrig, doch finden sich darin eine Menge praktikabler Tipps, wie man überzeugende Mitteilungen schreibt, und davon abgeleitet, wie eine Geschichte wirkt – dazu einige Beispiele:

- *Vermeide kognitive Belastungen:* Da das menschliche Gehirn begrenzte kognitive Ressourcen hat, sollten Geschichten einfach und leicht verständlich sein. Vermeide unnötige Details und halte die Handlung fokussiert und nur auf wenigen Nebenschauplätzen.
- *Nutze Emotionen:* Geschichten, die Emotionen hervorrufen, bleiben im Gedächtnis haften. Verwende daher emotionale Momente, um deine Geschichte zu unterstützen. Verwende auch starke Verben und Beschreibungen, um die Emotionen der Leser:innen zu aktivieren.
- *Nutze Kontraste:* Menschen tendieren dazu, Dinge zu vergleichen und Kontraste zu suchen. Nutze Kontraste, um deine Geschichte interessanter zu machen. Verwende auch die eine oder andere Überraschung und unerwartete Wendung, um dein »Publikum« zu fesseln.
- *Erzähle Geschichten aus verschiedenen Perspektiven:* Kahneman spricht oft darüber, wie unsere Wahrnehmung von Dingen von der Perspektive abhängt, aus der wir sie betrachten. Verwende verschiedene Perspektiven, um deine Geschichte lebendiger und vielschichtiger zu machen.
- *Verwende Beispiele:* Geschichten werden oft besser verstanden, wenn sie durch Beispiele unterstützt werden. Nutze Beispiele und Erfahrungen von bestehenden Kund:innen, um deine Botschaft zu verdeutlichen und deine Geschichte zu veranschaulichen.

- *Verwende Geschichten, um Werte zu vermitteln:* Menschen neigen dazu, sich besser an Dinge zu erinnern, die mit Werten verbunden sind. Nutze Geschichten, um deine Werte und Überzeugungen zu vermitteln und um eine Verbindung zu deinen Gesprächspartner:innen und Kund:innen aufzubauen.
- *Verwende hochwertige Materialien und Farben:* Kahneman geht darauf ein, dass man bei Schriftstücken ein hochwertiges Papier verwenden sollte, sodass der Kontrast zwischen Buchstaben und Hintergrund verstärkt wird. Für Menschen ist ein Text im leuchtenden Rot- oder Blautönen glaubwürdiger als in mittleren Grün- oder Gelbtönen.
- *Zitiere eine namhafte Quelle:* Damit es nicht zu einer kognitiven Überbelastung kommt, sollte die Quelle mit einer bekannten Person oder einem bekannten Unternehmen in einem Zusammenhang stehen.

Kahneman hält die Menschen nicht für leichtgläubig und schon gar nicht für dumm, doch wenn Geschichten logisch sind, sich darin bereits Erlebtes wiederfindet, sich diese eng mit der eigenen Überzeugung decken und aus einer vertrauenswürdigen Quelle stammen, dann wird unser Gehirn dies nicht näher hinterfragen und nachprüfen. All diese Ratschläge sind so lange gut, solange sie nicht offenkundig irrsinnig sind oder diese den Tatsachen widersprechen, deren Wahrheit dein Gegenüber kennt (oder wie wir wissen: rasch googeln kann).

Blick in dein Inneres: Beobachte immer wieder bei dir selbst, auf welche Storys du wie reagierst.

#032 Rot – Gelb – Grün: die Dreierstruktur

Vater, Mutter, Kind oder eins, zwei, drei – das sind gelernte und geübte Dreierstrukturen, mit denen unser Gehirn sehr, sehr leicht umgehen kann. Manche Expert:innen sind der Überzeugung, dass wir uns ohnehin nur drei Sachen merken können, vielleicht noch eine vierte unter dem Titel »one more thing«. Ohne nun zig Studien mit unzähligen Seiten zu lesen, kann ich mich mit der Haltung »Drei Dinge plus one more thing« sehr gut anfreunden, und die Beobachtung meiner Mitmenschen bestätigt das auch immer wieder.

Genau aus diesem Grund ist eine Dreierstruktur bei Geschichten sinnvoll und wichtig. Sie bietet eine klare und einfache Struktur für eine Handlung, die dann leicht zu verstehen und zu verfolgen ist. Die Dreierstruktur besteht meistens aus einer Einleitung, einem Hauptteil und einem Schluss:

- In der Einleitung wird man in die Geschichte eingeführt, und die wichtigsten Charaktere und Schauplätze werden vorgestellt. Auch der Konflikt oder das Problem, über das die Geschichte erzählt, wird hier meist schon angedeutet.
- Im Hauptteil entwickelt sich die Handlung, und der Konflikt oder das Problem stellt sich uns intensiver dar und wird bestenfalls von mehreren Perspektiven beleuchtet. Es treten Hindernisse und Herausforderungen für die Charaktere auf, die sie überwinden müssen, um ihr Ziel zu erreichen.
- Im Schlussteil kommt es zur Lösung des Konflikts oder Problems. Die Charaktere erreichen ihr Ziel und lösen das Problem auf eine Weise, die für alle Beteiligten befriedigend ist. Oft gibt es auch eine moralische oder thematische Lehre oder Lektion, die aus der Geschichte gezogen werden kann.

Eine Dreierstruktur ist sinnvoll, weil sie uns ein klares Verständnis dafür vermittelt, wo wir uns in der Geschichte befinden und wohin sie führt. Außerdem hilft sie dabei, eine Geschichte gut aufzubauen und sicherzustellen, dass auch alle wichtigen Elemente tatsächlich vorhanden sind. Eine Dreierstruktur kann dazu beitragen, die Spannung und den emotionalen Gehalt einer Geschichte zu erhöhen, da die Leser:innen sich auf das Ende der Geschichte freuen und gespannt darauf sind, wie sie ausgeht.

Wie in den allermeisten Filmen gibt es im Business oder generell im Leben immer einen Nebenschauplatz, vielleicht sogar mehrere. Doch auch hier gilt die Dreierstruktur, auch diese Handlungen oder Geschichten haben einen Anfang, einen Mittelteil und einen Schluss. Darum solltest du die Dreierstruktur in möglichst vielen Bereichen nutzen: Formuliere deine Angebote in drei Teilen, wenn nötig, unterteile diese wiederum in drei Teile. Sprich darüber, dass dein Produkt drei große Vorteile hat. »Lieber Kunde, du wirst besonders diese drei Punkte an uns lieben …«

Auf YouTube kann man sich die früheren jährlichen Präsentationen der Apple-Neuheiten von Steve Jobs ansehen und auch hier erkennt man sehr gut die Dreierstruktur. Was Steve Jobs auch noch perfekt inszenierte, war der überraschende vierte Punkt, also »one more thing«. Hier wird das große Ding verpackt, der Grund, warum die Kund:innen nicht mehr zögern und am besten heute noch kaufen sollten. Mein vielleicht überraschender Tipp dazu ist:

Schalte morgens dein TV-Gerät ein, denn morgens und vormittags gibt es vielfach Shopping-TV. Beobachte die Verkäufer:innen und die Angebotsstruktur – und du wirst immer wieder auf die Dreierform und auf »one more thing« stoßen!

#033 Gestern, heute, morgen

Auf den ersten Blick sieht es so aus, als würde es hier mit der Dreierstruktur weitergehen, doch jetzt wenden wir uns der Storyline zu, der zeitlichen Abfolge der Geschehnisse. Eine klare Storyline gibt dir in jeder Kommunikationslage Sicherheit im Gespräch und einen klaren Halt, gut vergleichbar mit einer Leine oder einem Seil auf einen Klettersteig: Du kletterst frei deinem Ziel entgegen und bist trotzdem immer gegen einen Absturz gesichert, vielfach auch doppelt.

Es kann gut sein, dass du beim Thema »Storytelling im Business« am Anfang stehst, vielleicht bist du in größerer Runde auch nicht immer der geübteste Redner, doch irgendwann muss jeder von uns mal vor den Vorhang treten und eine kurze Rede halten. Sei es, weil sich ein lieber Kollege nach vielen Jahren in den Ruhestand verabschiedet, du in eine nächsthöhere Führungsposition wechselst und dich vor deinem neuen Team präsentierst oder weil du am Wochenende auf der Geburtstagsfeier deiner Mutter eine Ansprache halten sollst. Du fragst dich: »Was erzähle ich, wie bereite ich mich vor, wie beginne ich und wie soll ich gut abschließen?«

Eine der besten, da einfachsten und dennoch wirkungsvollsten Storylines ist diese: Vergangenheit, Gegenwart, Zukunft.

Stell dir vor …

Stell dir vor, es ist der erste Tag in einem neuen Job, in einem neuen Unternehmen. Du beginnst dort als »Head of Marketing«, und nachdem du dein nagelneues Einzelbüro bezogen hast, versammelt sich am frühen Nachmittag dein achtköpfiges Team im Besprechungsraum, um dich kennenzulernen. Die Storyline deiner Begrüßungsrede lautet: gestern, heute, morgen.

»Mir scheint es war erst gestern, doch es war vor 14 Jahren – frisch von der Uni begann ich in einem Unternehmen als Marketingassistent. Ich saß in meiner ersten Besprechung, ähnlich wie ihr hier sitzt, und damals hat mich der Head of Marketing meinen Kolleginnen und Kollegen vorgestellt. Heute stehe ich hier, vor einem tollen Team, und soll mich nun selbst vorstellen. Doch was ich bis jetzt gemacht habe, wer ich nun gerade bin, das ist mir in diesen Moment im Grunde nicht wichtig. Wichtig für mich ist, was ihr in zehn Jahren über mich denken werdet, was ihr in zehn Jahren über mich sagen werdet, was ihr einem neuen Kollegen oder einer neuen Kollegin über mich erzählen werdet.«

Gib deinen Erzählungen und deinen Geschichten eine einfache Storyline. Diese kannst du dir vorstellen wie ein simples, aber umso stabileres Basisgerüst für deine Erzählung. Daran kannst du dich »festhalten« wie an einem stabilen Baumstamm und festen Ästen. Dort kannst du dann nach Lust und Laune nach und nach deine Zweige, Blätter und Blüten anheften.

Auch wenn wir Menschen keine Probleme damit haben, komplexe Zusammenhänge und die branchenüblichen Fachbegriffe zu kennen: Du weißt oft nicht, wer dein Gegenüber ist, und du kannst noch weniger abschätzen, in welcher Tagesverfassung deine Zuhörer:innen sind. Manchmal sind die Personen am Tisch zu Beginn eines Vortrages oder einer Konferenz abgelenkt, vielleicht sind sie mit den Gedanken beim kranken Kind zu Hause oder schwelgen schon gedanklich im dreiwöchigen Urlaub, der in drei Tagen beginnt. Wenn du nun als Redner:in eine einfache und klare Storyline hast, können auch die nur leicht Abgelenkten rasch wieder in die Geschichte einsteigen – und sie werden dir dafür dankbar sein.

Es geht in der Kommunikation und im Storytelling darum, zu verstehen und verstanden zu werden – leider wird dabei die Kraft des Einfachen massiv unterschätzt! Viele unserer Aufgaben sind sehr komplex und herausfordernd, und umso wichtiger ist es für Führungskräfte, für Klarheit und Einfachheit zu sorgen.

Betreutes Lesen

Die meisten Vortragenden verwenden bei einer längeren Keynote oder einem umfangreicheren Vortrag eine PowerPoint-Präsentation. Ich selbst halte es auch so, doch in der Anwendung gibt es wesentliche Unterschiede: Manche Vortragende praktizieren »betreutes Lesen« von Fact Sheets, was bei den Zuhörenden sehr schnell zu Ermüdung und Langeweile führt. Das innere Augenrollen im Auditorium ist nach fünf Minuten fast körperlich spürbar.

Bei anderen Speakern wiederum dient die PowerPoint-Präsentation ausschließlich als Storyline. Sie brauchen sie für ihre Rede auch nicht zwingend – ähnlich dem Schummel- oder Spickzettel in der Schule: Wenn ich ihn selbst geschrieben habe, kenne ich meine Notizen und Lösungen. Auch du erkennst als Zuhörer:in nach zwei Minuten den Unterschied zwischen lediglich Faktenvortragenden und guten Speakern.

Wende die Dreierstruktur ruhig auch einmal etwas übertrieben an. Unser Gehirn liebt das, du wirst es dir merken. Erarbeite dir also für deine wichtigen Gespräche immer die drei wesentlichsten Argumente und sprich darüber. Merke: Eine nicht kommunizierte Leistung ist eine nicht erbrachte Leitung.

#034 Just do It

Als Unternehmer:in und Führungskraft ist es wichtig, sich mit Storytelling zu beschäftigen, denn Storytelling ist in vielen Unternehmensbereichen essenziell. Ganz wichtig ist es im Verkauf, im Marketing und in der Werbung, in der Pressearbeit und in der Kommunikation mit dem Team und mit Kolleg:innen.

Ein guter Claim oder Slogan ist eine Klammer, die die gesamte Kommunikation umschließt. Bestenfalls besteht ein guter Claim wieder aus drei einfach verständlichen Wörtern. Die Betonung liegt auf »einfach«, ohne dass man bei einen englischsprachigen Claim eine Übersetzungsapp benötigt. Just do it, I'm lovin' it, Think Different ... das ist kurz, prägnant und verständlich.

Wir sind wieder bei Daniel Kahneman und beim schnellen Denken: Ein Claim kann dazu beitragen, das Markenimage und die Markenidentität zu stärken, weil er schnell und einfach im Gedächtnis haften bleibt und so bei vielen Gelegenheiten wieder abgerufen werden kann.

Einer der besten Claims für mich ist »TUI – Schöne Ferien!«. Drei Wörter die ausdrücken, was man sich vor dem Urlaub wünscht: »Schöne Ferien«! Das Wort »Ferien« kam dann aus der Mode und wurde durch Urlaub ersetzt, leider schickte man den Claim selbst auch auf Dauerurlaub. Nachfolger wie »Mein Urlaub – designed by TUI« oder »Discover your smile« haben es nie in die Köpfe der Reisenden geschafft.

Ein Claim kann dich stark von der Konkurrenz abheben und eine Leistung, eine Botschaft oder eben einen Wunsch transportieren. Er kann auch ein Gefühl kommunizieren oder verstärken: »Manner mag man eben« – zumindest meine österreichischen Leser:innen werden das kennen.

Als Unternehmen oder Marke hast du es dann geschafft, wenn deine Kunden sich deinen Claim auf den Körper tätowieren lassen: »Live to Ride, Ride to Live« findest du auf Tausenden Armen von Harley-Davidson-Fans.

Was ist ein erfolgreicher Slogan? Die kürzeste, prägnanteste und wichtigste Story zu deinem Unternehmen ist oft der beste Claim.

#035 Wir sind Papst!

Das ist für mich bis heute eine der einprägsamsten Schlagzeilen, die es je gab. Am 20. April 2005, einen Tag nach der Papstwahl, titelte die BILD mit dieser Schlagzeile, die viele Jahre danach immer noch eine enorme Wirkung hat und für viele Kultstatus besitzt. »Wir sind Papst!«[14] hat es sogar zum eigenen Wikipedia-Eintrag geschafft.

Wie ist eine journalistische Topstory aufgebaut? Eine gute Geschichte ist nach der Inverted Pyramid, der umgekehrten Pyramide, gestaltet. Du präsentierst die wichtigsten Informationen am Anfang der Geschichte und gehst dann allmählich zu den weniger wichtigen Details über.

Die Schlagzeile oder Headline macht neugierig und verdeutlicht, worum es in der Geschichte geht. Im Vorspann, oder auch Lead, sind die wichtigsten Informationen verpackt, und gleichzeitig soll er zum Weiterzulesen anregen. Der Vorspann beantwortet die »5 W« (Wer, Was, Wo, Wann, Warum). Wenn du Neugierde erwecken willst, kannst du dagegen auch bewusst verstoßen.

Der Hauptteil behandelt die Details sowie die noch offenen W-Fragen ausführlich, vor allem das WIE (ist es abgelaufen, geschehen) und das WOHER (stammt die Information). Alle Fakten sind nach Wichtigkeit geordnet, wobei die wichtigsten zuerst genannt und oft größer dargestellt werden (»zooming in«, heranzoomen), also relativ breiten Raum einnehmen sollten.

Zitate von Personen, die in der Geschichte vorkommen, machen die Geschichte interessanter und lebendiger und geben eine Vorstellung davon, was die Beteiligten denken und fühlen. Hintergrundinformationen liefern tiefere Einblicke in die Geschehnisse.

Der Schluss rundet die Geschichte ab und vermittelt ein Gefühl dafür, was als Nächstes passieren wird oder welche Auswirkungen die Ereignisse haben werden.

Öffne die Website deines Unternehmens, nimm dir den Nachhaltigkeitsbericht oder einen ähnlichen Artikel vor und vergleiche den Auftritt deines Unternehmens mit einer guten Zeitungsstory. Was kannst du tun, um die Texte auf deiner Website spannender, interessanter und emotionaler zu formulieren?

#036 Per Autostopp unterwegs

In meiner Jugend war ich oft per Autostopp unterwegs, denn auf dem Land gab es außerhalb der Schulzeiten kaum öffentlichen Nahverkehr. Immer wenn ein Auto stehen blieb, war die erste Frage von mir: »Wohin fährst du?« Oder der Fahrer fragte: »Wohin willst du?« Niemals jedoch hat ein Fahrer mit seiner Philosophie, mit seinem Purpose oder seinem Warum begonnen. Die einzige interessante Frage war: WOHIN?

Kunden kommen auf eine Website, weil sie bei Google eine Suchfrage gestellt haben. Sie werden von den meisten Unternehmen mit überbordend viel Allgemeintext, Fotogalerien und Animationsspielchen hingehalten und gerade daran gehindert, zu den gewünschten Informationen zu gelangen. Ähnlich ist es bei persönlichen Gesprächen: Verkäufer:innen sind mit ihren Produkterklärungen immer noch am Anfang und merken nicht, dass die Kaufbereitschaft mit jedem Wort sinkt statt steigt.

Meistens soll mit einer guten Geschichte eine bestimmte Botschaft vermittelt werden, so zumindest höre ich es immer wieder. Wenn ich allerdings nachfrage, höre ich, dass man neue Kunden gewinnen und die Umsätze steigern will. Wieso kann und darf man diese Ziele dann nicht gleich entsprechend formulieren und sie in den Fokus der Ansprache der Menschen rücken?

Du solltest dir zu Beginn stets diese drei Fragen stellen:

1. Was ist die Story?
2. Für wen ist die Story?
3. Was will ich damit erreichen?

Bei Zeitungen und Magazinen ist das ebenso relevant, denn je aufregender, interessanter und spannender die Story ist, desto größer ist das Interesse der Leserschaft (Kund:innen), und desto mehr Zeitungen und Magazine werden verkauft (Umsatz).

Du solltest die Ziele »Kunden gewinnen« und »Umsatz steigern« als Ziele deines Storytellings definieren. Merke dir dabei: Sprich Klartext!

#037 Warum überhaupt WARUM?

2009 veröffentlichte Simon Sinek sein Buch »Start with Why« – in der deutschen Übersetzung heißt es »Frag immer erst: WARUM«. Mittlerweile hat sich die Lektüre zu einem Standardwerk einer ganzen Beratergeneration entwickelt. Ich bin der Meinung, dass der deutsche Titel etwas unglücklich gewählt wurde, denn besser als das Wort WARUM wäre das Wort WOFÜR gewesen. Allein aus dem Grund, weil wir dieses Warum vielfach bei der Frage nach einer Schuld verwenden und es daher in uns oft negative Assoziationen weckt. Was wir in diesem Fall vermeiden wollen.

Zurück zu Simon Sinek, seiner Frage und seinem Konzept. Der »Goldene Kreis« bezieht sich auf die Frage, warum manche Unternehmen erfolgreich sind und andere wiederum nicht. Der besagte »Goldene Kreis« besteht aus drei Fragen, die sich auf das Warum, das Wie und das Was beziehen:

- *WARUM existiert das Unternehmen?* Was also ist der Zweck oder die Vision hinter deinem Unternehmen? Warum tut das Unternehmen das, was es tut? Diese Frage geht über die reinen finanziellen Ziele hinaus und untersucht, welche Motivation hinter dem Unternehmen, hinter deinem Tun steht.
- *WIE setzt das Unternehmen seine Vision und Ziele um?* Also: Welche Prozesse, Strategien und Taktiken werden angewendet, um die Vision des Unternehmens zu verwirklichen? Im Mittelpunkt stehen die konkreten Umsetzungsschritte.
- *WAS macht das Unternehmen?* Also: Welche Produkte oder Dienstleistungen bietet das Unternehmen an? Diese Frage bezieht sich auf das Endprodukt oder die Dienstleistung, die das Unternehmen verkauft.

In meiner Wahrnehmung werden die drei Aspekte des »Goldenen Kreises« zu selten beachtet, meistens dominiert das WAS: 90 Prozent der Gespräche beginnen mit dem WAS, 90 Prozent der Texte auf Websites beginnen mit dem WAS und 90 Prozent der PR und der Werbung beginnen mit dem WAS.

Wage doch einfach mal ein Kund:innenexperiment: Gehe in ein Elektrofachgeschäft und sage einer Verkaufskraft, dass du einen Fernseher brauchst. Bevor jemand nachfragt, wofür und in welcher Situation du den Fernseher überhaupt brauchst, werden dir zumeist gleich die Topgeräte mit ihren

Super-Features aufgezählt (was du längst vorher gegoogelt hast). Man präsentiert dir ungefragt und ungefiltert, was alles an tollen und herausragenden Produkten im Geschäft steht und nur auf dich wartet.

Du kannst das alles aber nicht brauchen, denn: Du willst nur eine Miniausführung eines Fernsehers, die neben deiner gewohnten Wochenend-Backsession laufen soll. Klar, für diesen speziellen Zweck brauchst du weder einen riesigen Bildschirm noch eine perfekte Bildauflösung und schon gar nicht den glasklaren Sound. Dieses Zweit- oder sogar Dritt-TV-Gerät soll einfach in deine Küche passen und dich bei deinem Hobby unterhalten, während du aus dem Augenwinkel heraus beobachtest, wie das Brot im Ofen aufgeht.

Die erste und beste Frage der Verkaufskraft in dem Elektrofachgeschäft wäre also gewesen: WOFÜR (wollen Sie das TV-Gerät nutzen)?

Nimm Block und Stift zu Hand und schreib WOFÜR darauf – und versuch jetzt, diese Frage zu beantworten. Die Antwort wird dir auch helfen, eine wichtige Frage zu beantworten, die ich dir am Ende des Buches stellen werde.

#038 Woher nur kenne ich diese Person?

Wenn wir uns im Freundeskreis bei einem Kaffee oder einem Glas Wein unterhalten und von Erlebnissen mit anderen Personen erzählen, haben wir oft den Eindruck, dass uns dies sehr bekannt vorkommt und wir uns sehr gut in diese Situation hineinversetzen können. Oft unbewusst nutzen wir dabei sogenannte Archetypen – das sind universelle Personentypen, Muster und Symbole, die in vielen erlebten oder gehörten Geschichten vorkommen. Es kann die liebe Oma sein oder der böse Vermieter, häufig sind es die Themen »Liebe und Tod«, »Ankunft und Abschied«, »Treue und Betrug«, »Wahrheit und Lüge«.

Archetypen begegnen uns überall und werden vielfach unterbewusst von uns verwendet. Durch die bewusste Nutzung können unsere Geschichten tiefe emotionale Reaktionen hervorrufen, zudem können wir unsere Botschaften so leichter vermitteln.

In der Werbung nutzt man den Archetyp des Helden, um die Überlegenheit des Produkts zu betonen. Ist der Archetyp die ältere Frau, geht es oft um Zuverlässigkeit und Weisheit. Der Sonnenuntergang über dem Meer vermittelt als archetypisches Setting ein Gefühl von Ruhe und Frieden, das Bild des Löwen hingegen Stärke und Mut.

Oppositionsparteien beschützen immer den »Kleinen Mann« oder »Die Alleinerzieherin« – die angesprochenen Wähler:innen können sich ohne große Erklärungen einer dieser Gruppen zuordnen. Genauso gut können Farben symbolisch verwendet werden: Blau vermittelt Vertrauen und Sicherheit, Rot steht für Leidenschaft und Energie.

Wichtig zu beachten ist allerdings auch, dass man damit nicht zu sehr in das Stereotype und Klischeehafte abdriftet und so beim Gegenüber eher unglaubwürdig erscheint.

Einer der jüngsten Archetypen nennt sich »Alte, weiße Männer«. Achte darauf, wer das wie in der Kommunikation einsetzt, und du bekommst ein sehr gutes Gespür für die Bedeutung von Archetypen.

Welche archetypischen Personen oder Situationen willst du nutzen, um das WOFÜR deines Unternehmens oder deines Verantwortungsbereiches zu beschreiben?

#039 Glück, Talent, Kunst oder Können – gern auch mit Unterstützung

Wir sind oft fasziniert, wenn wir im Theater ein Solostück eines Künstlers sehen, das wir auch noch nach 90 Minuten mit Spannung und Aufmerksamkeit verfolgen. Vielfach meinen wir, dass Schauspieler:innen ein entsprechendes riesiges Talent mitbringen, um die Aufmerksamkeitsspanne hoch zu halten, wir aber ein derartiges Talent nicht besitzen und deshalb auch nicht auf einer Bühne stehen. Was wir dabei immer wieder vergessen: Die Schauspieler:innen genießen professionelle Unterstützung.

Einer der berühmtesten Langredner war Fidel Castro. In seinen beinahe 32 Jahren als Staatschef von Kuba hat er viel und lang geredet. Legendär ist seine längste Rede bei der UN-Generalversammlung am 26. September 1960: Diese dauerte vier Stunden und 29 Minuten[15]. Die Reden an sein Volk waren nochmals sogar noch um einige Stunden länger. Leider nicht überliefert ist, wer Fidel Castro bei seinen langen Reden unterstützt hat. Sicher ist, dass sich die allermeisten großen Redner:innen über professionelle Unterstützung freuen dürfen.

Im Theater werden die Künstler:innen neben der Regie vor allem von der Dramaturgie unterstützt:

- Das Stück wird weiterentwickelt, indem das Skript bearbeitet wird, die Dramaturgie gibt Vorschläge zur Verbesserung der Geschichte und der Charaktere.
- Die Dramaturgie führt häufig eine umfangreiche Recherche durch, um sicherzustellen, dass historische, kulturelle und andere Fakten im Stück korrekt dargestellt werden.
- Die Dramaturgie analysiert den Text des Stückes, um die Struktur, die Themen, die Charaktere und die Konflikte zu verstehen und um sicherzustellen, dass die Inszenierung diesen Aspekten des Stückes gerecht wird.
- Die Dramaturg:innen arbeiten eng mit der Regie zusammen, um sicherzustellen, dass die Inszenierung des Stückes der künstlerischen Vision und Intention der Autor:innen entspricht.
- Die Dramaturg:innen sind im Theater ein wichtiger Teil des kreativen Teams, die dazu beitragen, dass eine Produktion künstlerisch ansprechend, genau und sinnvoll ist.

Für dich geht es nicht darum, dass du auf einer großen Bühne stehst und vor Hunderten oder Tausenden Menschen dein Produkt, dein Angebot oder deine Dienstleistung präsentierst. Es geht vielmehr darum, dass du tagtäglich auf dieser Bühne des Lebens stehst. Jeder Tag ist ein Auftritt, bei dem es gilt, Menschen zu faszinieren und zu gewinnen. Das beginnt am Morgen, vor deiner Familie vor dem Frühstück. Und es ist das Erscheinen im Job: Wie betrittst du das Unternehmen, wie begrüßt du Kund:innen und empfängst Gäste, wie betrittst du die Räume und Büros bei deinen Kund:innen?

Du siehst: Kommunikation und Storytelling beginnen wesentlich früher, lange, bevor das erste Wort gesprochen wird. Es geht auch nicht immer darum, welche Geschichten du erzählst – oft geht es eher darum, welche Geschichten über dich erzählt werden. Aber auch hierbei solltest du die Regie übernehmen und versuchen, die Inhalte in deinem Sinn zu beeinflussen. Es kommt oft vor, dass deine Gesprächspartner:innen nicht die Entscheidungsträger sind, doch es ist entscheidend, was diese Personen über dich an die Entscheidungsträger:innen weitergeben, wie Menschen generell über dich sprechen und welche Story von dir im Gedächtnis haften bleiben.

Stell dir vor, dein heutiger Gesprächspartner oder Kunde kommt abends nach Hause und erzählt daheim vom heutigen Gespräch. Wie sieht diese Erzählung aus? Wie sollte sie deiner Meinung nach aussehen? Was musst du tun, damit die Story so wirkt, wie du es gerne hättest?

#040 Schlechte Storys? Nimmermehr!

Eine klare Message, auf die Zielgruppe zugeschnittene Inhalte, User-optimierte Textlänge: Wer glaubt, die Bausteine effektiver Storys wären zuallererst von der modernen Marketingwelt entdeckt worden, liegt falsch. Vor weit mehr als 150 Jahren vertrat der Schriftsteller Edgar Allan Poe eine für die damalige Zeit radikale These: Gute Storys sind mit dem Publikum im Kopf geschrieben. In seinem Aufsatz »Die Methode der Komposition« (The Philosophy of Composition)[16] zeigt Poe einen klaren, analytischen Schreibprozess vor. Damit will er das Geschichtenerzählen nicht nur vereinfachen, sondern auch die emotionale Wirkung auf die Leserschaft maximieren.

Fünf Aspekte starker Storys

Poe dürfte ein Mann klarer Worte gewesen sein. In seinem Aufsatz demystifiziert er Storytelling und deren Prozesse. Während Zeitgenossen glaubten, sie würden spontan von der Muse geküsst, wenn sie Kunstwerke erschufen, sah Poe das Geschichtenerzählen als ein machtvolles Werkzeug, das es effektiv einzusetzen galt. Ein erfolgreicher Schreibprozess basiert demnach auf Methodik, Analytik und Präzision. Seiner Meinung nach entsteht eine gute Story nicht spontan oder intuitiv. Er vergleicht seine Herangehensweise mit der Lösung eines mathematischen Problems. Andere Autoren arbeiten zwar ähnlich analytisch, so Poe, geben es aber nicht zu, weil sie befürchten, dass damit ihr Ansehen als künstlerisches Genie Schaden nehmen könnte.

Wie meisterhaft sich das Leserpublikum und deren Emotionen mit seinen Methoden führen lassen, erläutert Poe anhand seines Gedichts »Der Rabe« (The Raven). Schritt für Schritt zeigt er, wie er durch bewusste Storytelling-Entscheidungen die beklemmende Wirkung erzeugt, für die das Gedicht berühmt ist.

Die letzten zwei Gedichtstrophen[17] lauten:

»Sei dies Wort das Trennungszeichen! Vogel, Dämon, Du mußt weichen!
Fleuch zurück zum Sturmesgrauen, oder zum pluton'schen Heer!
Keine Feder laß zurücke mir als Zeichen Deiner Tücke;
Laß allein mich dem Geschicke – wage nie Dich wieder her!
Fort und laß mein Herz in Frieden, das gepeinigt Du so sehr!«
Sprach der Rabe: »Nimmermehr!«

Und der Rabe weichet nimmer – sitzt noch immer, sitzt noch immer
Auf der blassen Pallasbüste ob der Thüre hoch und hehr;
Sitzt mit geisterhaftem Munkeln, seine Feueraugen funkeln
Gar dämonisch aus dem dunkeln, düstern Schatten um ihn her;
Und mein Geist wird aus dem Schatten, den er breitet um mich her,
Sich erheben – nimmermehr!

Nach Poe sind für eine gute Geschichte fünf Aspekte von besonderer Bedeutung.

Aspekt 1: Wie sollte eine Story enden?

Jeder Aspekt des Geschichtenerzählens muss auf den Effekt hinarbeiten, der beim Publikum erreicht werden soll. Die Story baut sich also vom Ende aus auf. Gute Autor:innen haben nach Poe daher beim Schreiben immer das Ende im Blick. Und zwar bei jedem Wort, jedem Satz, jeder Zeile.

Dieses »Ende« ist bei Poe aber mehr als nur der Schluss der Handlung. Schließlich hat Storytelling – besonders nach Poes Verständnis – eine tiefe emotionale Komponente. Die Überlegungen zum Ende müssen daher auch Gedanken zur Wirkung auf die Leser:innen beinhalten. Deren emotionaler Zustand am Ende der Story ist genauso wichtig wie ein guter Abschluss der Handlung.

Aspekt 2: Wie lang sollte eine Story sein?

Für Poe war wichtig, ob Leser:innen das Werk ohne Unterbrechung an einem Tag lesen können. Poe wusste, dass für einen starken emotionalen Effekt die ungeteilte Aufmerksamkeit des Publikums nötig ist. Daher vermutete er, dass ein Werk seine volle Wirkung nur entfaltet, wenn die Lektüre nicht unterbrochen werden muss. Zu kurz sollte die Story aber auch nicht sein. Wenn Content zu einem Epigramm schrumpft, könne nach Poe kein anhaltender Effekt beim Publikum erzeugt werden. In Zeiten von Twitter und Messenger Apps könnte hinzugefügt werden: Die ideale Mindestlänge ist die, in der alle Botschaften und Emotionen kommuniziert werden – und verstanden werden können. Dann können auch scheinbar kleine Content-Häppchen eine nachhaltige Wirkung zeigen.

Aspekt 3: Welchen Effekt soll die Story erzeugen?

Im Zentrum von Poes Methode steht der emotionale Effekt, den die Story bei der Leserschaft erzeugen soll. Um seine volle Wirkung zu entfalten, muss sich dieser Effekt wie ein roter Faden durch alle Story-Ebenen ziehen. Angefangen beim Plot, über die Figuren bis zu den in der Story verwendeten Motiven.

Für sein Gedicht »Der Rabe« setzte Poe das Prinzip sogar auf phonologischer Ebene um. »Nevermore«, das berühmte, immer wiederkehrende Wort, wählte Poe besonders wegen seines Klangs aus. Dieser Klang, so Poe, wecke Assoziationen, weit über die reine Wortbedeutung hinaus.

Aspekt 4: Wie bleibt die Story lange im Gedächtnis hängen?

Damit die Story das Publikum mitreißt und auch nach dem Lesen noch fesselt, empfiehlt Poe ein wiederkehrendes Element, eine Art Klammer, die das Werk zusammenhält. Bei jeder Wiederholung nimmt das Element mehr Raum in der Vorstellung der Leserinnen und Leser ein. So bleibt die Story lange in Erinnerung – auf dieselbe Weise können wir uns den Refrain eines Liedes am längsten merken.

In »Der Rabe« ist dieser Haken, der sich im Kopf der Leser festmacht, natürlich das Wort »Nevermore«. Ein weiteres berühmtes literarisches Beispiel findet sich in Shakespeares Julius Cäsar mit der Phrase »Aber Brutus ist ein ehrenwerter Mann«. Aber auch andere wiederkehrende Elemente, wie etwa

IKEAs konsequentes Du, können ebenfalls den beabsichtigten emotionalen Effekt hervorrufen. Oder ein Claim oder Slogan übernimmt diesen Part.

Aspekt 5: Wie baut die Geschichte ihre Spannung auf?

Wie die perfekte Spannungskurve einer Geschichte aussieht, ist seit Tausenden Jahren eine zentrale Frage im Storytelling. Aristoteles prägte unser Bild eines klassischen dreigeteilten Spannungsbogens, Joseph Campbell verdanken wir die Spannungskurven moderner Hollywood-Filme. Und in »Der Rabe« entsteht die Spannung aus dem Frage-und-Antwort-Spiel zwischen dem erzählenden Ich und dem Raben. Meisterhaft erhöht Poe die Spannung langsam, aber unerbittlich bis zum Ende des Gedichts. Am Ende wartet keine Lösung auf die Leserschaft – und die Spannung bleibt noch hängen, wenn das Buch geschlossen ist. Und leise hallt es im Kopf noch lange nach: »Nevermore«.

Schau dir den Kurzfilm »Der Rabe« nach Edgar Allen Poe an: https://www.youtube.com/watch?v=G4T9nBrUU1c. Achte darauf, wie in dem Film jene fünf Aspekte so Berücksichtigung finden, dass die Zuschauer:innen gar nicht anders können, als den Film mit Spannung und Aufmerksamkeit bis zum Ende zu verfolgen.

#041 Die nackten Redner:innen

Wenn man vor einer Gruppe sprechen soll und vor lauter Lampenfieber kaum ein Wort rausbringt, so hört man vielfach den Tipp, man solle sich sein Publikum nackt vorstellen. Garr Reynolds, ein Spezialist für Präsentationstechniken, gibt in seinen Buch »The Naked Presenter« Redner:innen den Tipp, sich nackt zu zeigen. Wie meint er das? Nun, die Redner:innen sollen sich aus ihrer Schale befreien und sich ehrlich, angreifbar, verletzbar, persönlich und authentisch zeigen. Für dich als Storyteller heißt das: Du gibst Ideen weiter, inspirierst und motivierst Kund:innen, begleitest sie bei Kaufentscheidungen und schaffst es bestenfalls auch, dass deine Geschichten weitererzählt werden.

Und das sind nach Garr Reynolds die fünf wichtigsten Tipps für Speaker:

- *Persönlichkeit zeigen:* Statt sich hinter Folien oder Technik zu verstecken, sollte der Speaker seine Persönlichkeit zeigen und eine Verbindung zum Publikum aufbauen. Dazu gehört auch, eigene Erfahrungen und Emotionen zu teilen.
- *Einfachheit:* Die Präsentation sollte einfach und leicht verständlich sein. Es sollten keine unnötigen oder komplizierten technischen Elemente eingesetzt werden.
- *Geschichten erzählen:* Geschichten können helfen, das Publikum zu fesseln und zu überzeugen. Die Präsentation sollte deshalb gut strukturiert und auf eine spannende Story aufgebaut sein. Wie schon öfter erwähnt, bringen Geschichten Gefühle in eine Rede oder in einen Vortrag.
- *Interaktion fördern:* Der Speaker sollte das Publikum aktiv einbeziehen und Raum für Fragen, Diskussionen oder Feedback geben.
- *Herausforderungen schaffen:* Es ist wichtig, dass das Gehirn der Zuhörerschaft immer wieder aktiviert wird, um die Aufmerksamkeit und Konzentration zu fördern.

Werbung spricht zu Menschen. Kommunikation bedeutet, mit Menschen zu sprechen.

#042 Denken lassen

Daniel Kahneman, wir sprachen in diesem Buch bereits des Öfteren über den Nobelpreisträger, beschreibt in seinen Buch »Schnelles Denken, langsames Denken« ein Experiment mit 40 Studierenden zum Thema Beanspruchung und Anstrengung. Ausgangsbasis ist der von Shane Frederick entwickelte »Cognitive Reflection Test – CTR«[18].

Zu den Hintergründen des Tests: »Vierzig Studenten der Universität Princeton wurden dem Test unterzogen. Die Hälfte von ihnen sah die Aufgabe in einer kleinen Schrift und in einem ausgewaschenen grauen Druckbild. Die Aufgaben waren lesbar, aber die Schrift erzeugte eine hohe kognitive Beanspruchung. Die Ergebnisse lassen an Klarheit nichts zu wünschen übrig:

90 Prozent der Studenten, die den CRT in normaler Schrift sahen, machten bei dem Test wenigstens einen Fehler, während dieser Prozentsatz auf 35 Prozent fiel, wenn die Schrift kaum lesbar war. Sie haben richtig gelesen. Bei der schlechten Schrift war die Leistung besser. Eine starke kognitive Beanspruchung mobilisiert, unabhängig von der Ursache.«[19]

Der Test zeigt sehr deutlich, wie wichtig es ist, das Publikum und Kund:innen in die Kommunikation einzubinden, Fragen zu stellen und Aufgaben zu verteilen. Im Onlinemarketing wird viel von Engagement und Engagementrate gesprochen, doch damit sind oft nur die Likes und Shares gemeint. Wichtig im Sinne einer kognitiven Beanspruchung ist es, die User:innen zum Beispiel durch Umfragen einzubeziehen. Vor einer Gruppe oder auf der Bühne sind Fragen, auf die das Publikum unmittelbar mit Handzeichen oder Antworten reagieren kann, ein probates Mittel der Einbindung. In Büchern wie diesen kann am Ende eines Kapitels eine Übung stehen oder ein QR-Code – eine verschwommene Schrift würde ich allerdings nicht empfehlen.

Wichtig bleibt, dass du dich stets an die Grundregeln guten Storytellings hältst: einfache Sprache, kurze Sätze und eine gute Gliederung.

#043 Die einfache Erdbeere

Die Untersuchungen und Forschungen einer Gruppe von neun Studenten an der University of California, also an der Westküste der USA, mit exakt 1.785 Versuchsreihenteilnehmer:innen haben ergeben, dass Sätze, die länger als acht Sekunden dauern, also schon Sätze mit nur drei bis vier Zeilen, nur noch von rund zehn Prozent der Zuhörer:innen wahrgenommen und verstanden werden, und deshalb sind diese Sätze, wenn immer es geht und es möglich ist, zu vermeiden, damit es bei deinen Leserinnen und Lesern nicht zu einer kognitiven Überlastung kommt.

Uff – ein langer Satz. Ich kann dich beruhigen: Die University of California ist real, die Studie jedoch gibt es nicht – ich wollte dir ein Beispiel eines zu langen, und damit schwer verständlichen, Satzes vorführen.

Es gibt verschiedene Studien, die sich mit der optimalen Satzlänge beschäftigen, zum Beispiel »A New Readability Yardstick« von Rudolf Flesch, die sich mit der Lesbarkeit von Texten befasst. Flesch schlägt vor, dass Sätze im Durchschnitt 20 Wörter enthalten sollten, um eine hohe Lesbarkeit zu gewährleisten.

Bei der Recherche stößt man auf unzählige Untersuchungen, die sich mit der Buchstaben- und Silbenanzahl beschäftigen. Sie ergeben, dass Wörter mit fünf bis sechs Buchstaben am einfachsten und Wörter mit mehr als zehn Buchstaben am schwierigsten zu lesen sind. Dies liegt daran, dass längere Wörter oft mehr Silben enthalten und daher oft schwieriger auszusprechen sind.

Ein einfacher Text könnte wie folgt aussehen: »Die Erdbeere ist eine köstliche Frucht. Sie ist süß und saftig und enthält viele Vitamine und Antioxidantien. Erdbeeren sind auch vielseitig einsetzbar und können in vielen verschiedenen Gerichten verwendet werden, von Desserts bis hin zu Salaten.«

Dieser Text ist relativ kurz und enthält viele kurze Wörter, die einfach zu verstehen sind. Die Sätze sind ebenfalls kurz und prägnant, die Sprache einfach und direkt.

Die schwierige Version sieht wie folgt aus: »Die Frucht, die wir als Erdbeere bezeichnen, ist eine angenehm schmeckende Beere von roter Farbe, die auf der Erde wächst. Sie zeichnet sich durch einen hohen Gehalt an Vitamin C und Antioxidantien aus, die eine wichtige Rolle im Stoffwechselprozess spielen. Die Vielseitigkeit der Erdbeere in der Küche kann durch ihre Verwendung in einer Vielzahl von kulinarischen Zubereitungen belegt werden, darunter Salate, Kuchen und Desserts.«

In diesem Text werden längere und komplexere Sätze verwendet, dadurch wird der Text schwerer verständlich und erfordert mehr Konzentration und Aufmerksamkeit beim Lesen.

Es ist jedoch wichtig, zu beachten, dass es keine festen Regeln gibt, wie lang oder kurz ein Wort sein sollte. Stattdessen ist es am wichtigsten, Wörter zu verwenden, die zur Zielgruppe und zum Zweck des Textes passen und die Lesbarkeit nicht beeinträchtigen. Kurze Wörter sind in der Regel einfacher zu lesen und zu verstehen, aber es ist auch wichtig, eine angemessene Vielfalt an Wortschatz und Sprache in einem Text zu haben.

Wahrscheinlich ist auch der folgende Satz ein eher abschreckendes Beispiel: »Die Anthropogenese der Metaphysik als ontologische Disziplin, die die Natur des Seins in Bezug auf die Phänomene des Bewusstseins und der Erfahrung untersucht, hat sich als umfassendes und komplexes Unterfangen erwiesen, das sich auf die grundlegenden Fragen der Philosophie bezieht. Die Beziehung zwischen der Transzendenz des Seins und der Immanenz des Bewusstseins bleibt jedoch eine Herausforderung für die Metaphysik, da sie in einen kontinuierlichen Dialog mit anderen philosophischen Disziplinen wie der Ontologie, der Epistemologie und der Logik verwickelt ist.«

Darum habe ich dieses Mal eine spezielle Aufgabe für dich:

Verfasse eine vereinfachte Version dieses Satzes und sende diese an harald.kopeter@cm-service.at. Ich melde mich dann bei dir mit einer Bewertung dieser Version!

#044 Die Muse könnte sich verspäten!

Das Horrorgenre ist nicht jedermanns Geschmack – meiner auch nur bedingt –, doch wir können eine Menge vom Großmeister des Horrorfilms lernen, dem US-amerikanischen Autor Stephen King. King, 1947 in den USA geboren, hat mehr als 60 Romane und über 100 Kurzgeschichten geschrieben. Seine Bücher sind mehr als 400 Millionen Mal verkauft worden. Viele seiner Bucher wurden auch verfilmt und die Geschichten erreichten so viele Millionen an Zusehern. Viele kennen seinen Horrorschocker »ES« – aber wenige wissen, dass er auch ein Buch über das Schreiben verfasst hat. Er hat uns also seine besten Tipps und Tricks in einem ganz und gar nicht schaurigen Buch verraten, das den Titel »Das Leben und das Schreiben: Memoiren« trägt.

In diesem Buch erfährst du sehr spannende Details aus dem Schriftstellerleben Stephen Kings. Dabei ist Schreiben für ihn vor allem eines – harte Arbeit. Da ist er sich übrigens mit seinem Schriftstellerkollegen Edgar Allan Poe gemeinsam. Beide sehen oder sahen das Schreiben weniger als schöpferischen Akt, sondern mehr als analytischen Prozess. Das heißt: Während die Studienkollegen:innen von Stephen King vielleicht auf den nächsten Musenkuss oder gar auf die göttliche Eingebung warteten, setzte King sich einfach hin und begann mit der Arbeit.

Diese Haltung begegnet dir übrigens im Grunde bei allen Menschen, die professionell schreiben – und hier spreche ich durchaus aus dem Nähkästchen meines eigenen Unternehmens.

Niemand hat Zeit und Muße, auf eine Muse zu warten! Wer das Handwerk Schreiben wirklich beherrscht, setzt sich hin und schreibt. Hier geht es renommierten und berühmten Schriftsteller:innen ähnlich wie Marketingtexter:innen. Warte also bitte nicht auf die Muse, sie könnte sich verspäten! Lerne stattdessen das Handwerk und dann: schreiben, schreiben, schreiben!

Dieser Tipp stammt von mir, ab jetzt aber lassen wir den Großmeister des Geschichtenerzählens selbst sprechen – Stephen King. Ich habe die wichtigsten Tipps und Tricks aus seiner Storytelling-Kiste für dich zusammengefasst.

King-Tipp 1: Die Buchstabenbestie loslassen

Lass die Buchstabenbestie von der Leine. Stephen King meint, dass du den ersten Entwurf ohnehin für dich selbst schreibst. Tatsächlich, ohne einen Gedanken an das Publikum zu verschwenden – erst mal alles aufs Papier knallen; wirklich alles, was das Hirn hergibt. Erst danach durchläuft die Story einen Überarbeitungsprozess. In diesem nimmst du alles raus, »was nicht die Story ist«, wie es King ausdrückt. Denn erst jetzt rückt die Leserschaft in den Fokus: jene, für die das Ganze überhaupt gemacht wird.

Also: Hund von der Leine lassen, schreiben, was das Zeug hält, und erst später beim Überarbeiten daran denken, dass dir jemand über die Schulter schaut.

King-Tipp 2: Kein Warmduscher sein

»The passive voice is safe«, schreibt King: Fehler »werden gemacht«, Rufe nach Veränderung »werden laut«, Bedingungen »werden vereinbart«. Von wem denn? Egal? Es ist eben NICHT egal. Safe ist fad, passiv ist fad. Schreibst du auch fürs Web? Falls deine Onlinetexte den heute üblichen automatisierten SEO-Check durchlaufen, wovon ich ausgehe, ist dir eines sicher schon aufgefallen: Das Eingabetool straft dich beinhart ab, wenn es zu viele passiv formulierten Sätze gibt – klare rote Karte!

Stephen King ist zwar nicht der Programmierer dieser Tools, aber er weiß ganz genau: Umformulieren wirkt Wunder – weil ein aktiver Satz viel mehr aussagt. »Ich werde bedroht« oder »Der Nachbar bedroht mich« – schreib aktiven Klartext!

Kein Wischiwaschi, sondern Genauigkeit. Das Passiv ist anonym – formuliere deine Sätze aktiv und klar! Aktiv zeigt Konsequenz und Transparenz. Die sogenannte Leideform nutzen laut Stephen King »timid writers« – was übersetzt so viel heißt wie »Luschis« oder Warmduscher.

King-Tipp 3: Überflüssiges ist der Feind guter Prosa

Stephen King geht mit Logik an das Schreiben heran. Er nennt den Beispielsatz: »Der Mann schloss die Tür fest hinter sich.« King behauptet, die meisten Adjektivadverbien – in diesem Satz also das Wort »fest« – seien total überflüssig. Er räumt ein, dass der Satz an und für sich kein schlechter ist. Aber: Im Kontext einer Story sollte sich das Wort »fest« aus dem vorhergehenden Text erschließen.

Die Story selbst und die Emotionen, die darin geweckt werden, sind die Quellen, die uns verraten sollen, auf welche Art und Weise der Mann die Tür schloss. Aber wenn man nun aus dem Text davor nicht erahnen kann, wie er die Tür schließt? Wenn es keinen Einfluss auf die Story und ihre Figuren hat? Dann, ja dann ist das Adjektivadverb ganz einfach überflüssig. Weg damit.

Gleiches gilt nach einem Zitat: »... sagte er« oder »... sagte sie« sollte immer ohne Adjektivadverb festgehalten werden.

Vergiss dieses »... sagte er gepresst« oder »... sagte sie wütend«. Wie jemand etwas gesagt hat, sollte ebenfalls aus dem Zusammenhang erkennbar sein. Stephen King nennt diese Einfachheit schlicht »göttlich«: *»to write ›he said‹ or ›she said‹ is divine.«*

King-Tipp 4: Ein Wort nach dem anderen

Stephen King wurde einst in einem Interview gefragt, wie er denn seine Storys schreibt. »Ein Wort nach dem anderen«, antwortete er. Schlagfertig! Seinem Gegenüber fiel darauf erst mal keine Erwiderung ein. Dabei handelte es sich aber keineswegs um einen Scherz des Autors. Am Ende, erklärt King, ist es wirklich so einfach. Egal, ob es um eine einzelne Seite oder eine epische Trilogie à la »Herr der Ringe« geht: Am Ende besteht die Arbeit darin, ein Wort dem anderen folgen zu lassen – und nicht aufzugeben.

Denn genau das ist der Punkt. Die einfachsten Dinge sind oft die schwierigsten: sich hinsetzen und anfangen. Sitzenbleiben und weitermachen. Ein Wort nach dem andern. Bleib dran! Zeig Ausdauer und lass dich nicht ablenken – weder vom Kühlschrank noch vom Smartphone.

King-Tipp 5: Die Archäologie des Geschichtenerzählens

Stephen King scheint nicht nur analytisch ans Geschichtenerzählen ranzugehen. Selbstverständlich zeigt er in seinem Buch auch seine poetische Ader: Seiner Ansicht nach sind Storys Fundstücke – wie im Erdreich schlummernde Fossilien. King holt dann weiter aus und erläutert seine Theorie: Storys seien nicht erwerbbar, keine Konsumgüter wie T-Shirts. Storys seien fossile Relikte aus einer unentdeckten, vorbestehenden Welt. Die Herausforderung für Autoren sei es, die zur Verfügung stehenden Werkzeuge so zu nutzen, um die Story so intakt wie möglich zu bergen.

Tja, manchmal kommt nach stundenlangem Graben nur eine kleine Muschel zum Vorschein. Ein anderes Mal holt man ein ganzes Dinosaurier-Skelett samt grotesk grinsender Zähne aus dem Boden. Nicht aufgeben, buddeln und schaufeln – egal, ob Kurzgeschichte oder Epos: Du musst tief graben, damit die Story ein gutes Fundament hat.

Stephen King hat Millionen von Büchern verkauft, viele seiner Geschichten wurden verfilmt, und genau deshalb können wir viel von ihm lernen. Erfolg, ob als Autor:in, Unternehmer:in oder Führungskraft, ist harte Arbeit. Selbst Stephen King wartet nicht auf den Musenkuss, sondern setzt sich hin und schreibt. In gleicher Art und Weise ist dieses Buch entstanden: einfach Seite für Seite für Seite.

Nutze die King-Tipps für deine Businessstorys:

- Schreiben, schreiben, schreiben – und dann kürzen und optimieren
- Aktive Formulierungen
- Überflüssiges weglassen, etwa Adjektivadverbien
- Ein Wort nach dem anderen: anfangen, schreiben und fertigmachen
- Tief graben und den Storys ein Fundament geben

#045 Die Wahrheit über die Wahrheit

Laut einer Legende aus dem 19. Jahrhundert treffen sich eines Tages die Wahrheit und die Lüge[20]:

Die Lüge sagt zur Wahrheit: »Heute ist ein wunderbarer Tag!« Die Wahrheit blickt zum Himmel und seufzt, denn der Tag war wirklich schön. Sie verbringen viel Zeit miteinander und kommen an einem Brunnen vorbei. Die Lüge sagt zur Wahrheit: »Das Wasser ist sehr schön, lass uns gemeinsam ein Bad nehmen!« Die Wahrheit, wieder skeptisch, testet das Wasser und entdeckt, dass es wirklich sehr schön ist. Sie ziehen sich aus und baden.

Plötzlich springt die Lüge aus dem Wasser, zieht die Kleider der Wahrheit an und rennt weg. Die wütende Wahrheit kommt aus dem Brunnen und rennt überall hin, um die Lüge zu finden und ihre Kleider zurückzubekommen. Die Welt, die nun die nackte Wahrheit sieht, wendet ihren Blick mit Verachtung und Wut ab.

Die verzweifelte Wahrheit kehrt in den Brunnen zurück und versteckt sich darin. Seitdem reist die Lüge – wie die Wahrheit gekleidet – um die Welt und wird so den Bedürfnissen der Gesellschaft gerecht. Denn diese will auf keinen Fall der nackten Wahrheit begegnen.

Das ist vielleicht auch eine gute Erklärung, warum sich die Fake News rund um den Globus kaum beherrschen lassen. Für den Aufbau einer guten Geschichte kann es in einigen Fällen auch sinnvoll sein, bestimmte Informationen zurückzuhalten oder zu verfremden, um dramatische Wirkung oder Spannung zu erzeugen. Im Businessumfeld ist es wichtig, dass dein Gegenüber erkennt, dass es sich um eine fiktive Geschichte handelt und nicht um eine authentische Wiedergabe von Tatsachen.

Fjodor Michailowitsch Dostojewski soll gesagt haben: »Um die Wahrheit wahrscheinlicher zu machen, muss man ein bisschen Lüge hineinmischen.« Ein gewagter Spruch. Wie denkst du darüber?

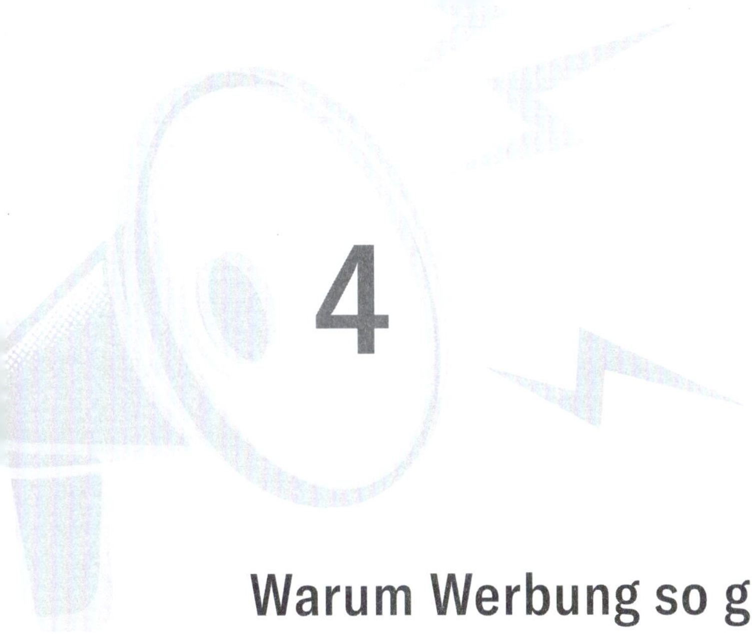

4

Warum Werbung so gut wie immer wirkt

Besser mittendrin als nur dabei: Gut, in einer Geschichte gibt es Heldinnen und Helden, aber was hat »Heldentum« nun in deinem Business zu suchen? Was hat James Bond damit zu tun? Führen dich die glorreichen Sieben zum Erfolg? Warum bist du in diesem Moment die Heldin oder der Held meiner Geschichte? Wieso solltest du das auch weitererzählen?

All diese Fragen und noch unzählige mehr beantworte ich dir in diesem Kapitel, das dich auf der Suche nach *Deiner Story* einen großen Schritt weiterbringen wird (nicht nur, was die Seitenzahl des Buches anbelangt)! Wahrscheinlich bekommst du sogar Antworten auf Fragen, die du bisher noch gar nicht gestellt hast.

#046 Du hast zwei Ohren

Wenn ich weiß, dass bei einem meiner Vorträge Lehrende dabei sind, sage ich immer, dass Lehrende besonders gute Zuhörer:innen sind. Aus meiner Sicht stimmt das zwar nicht, denn sie sind es eher gewohnt, zu sprechen – und wenn Schüler:innen sprechen, werden diese oft von den Lehrenden unterbrochen. Mit meinem Lob am Anfang verhindere ich jedoch, dass ich von den anwesenden Lehrenden unterbrochen werde.

Ein guter Storyteller muss auch gut zuhören können, weil Zuhören eine wichtige Fähigkeit ist, um eine Verbindung zu seinem Gegenüber herzustellen und so eine Geschichte erfolgreich zu vermitteln.

Vor allem im Business und im Verkauf ist Zuhören eine geforderte Disziplin. In den allermeisten Verkaufsbüchern wird davon gesprochen, dass gute Verkäufer zwei Drittel der Zeit zuhören und ein Drittel sprechen. Vielen fällt das Zuhören allerdings sehr schwer, denn sie fürchten, dass im Gesagten des Kunden oder der Kundin ein Nein stecken könnte. Topverkäufer:innen haben keine Angst vor dem Nein, und umso leichter fällt ihnen auch das Zuhören. Denn nur wer zuhört, erfährt etwas über die Kund:innen und kann auf dieser Basis ein nutzenorientiertes Angebot unterbreiten.

Im aktiven Verkaufsgespräch ist Paraphrasieren ein sehr mächtiges Kommunikationswerkzeug. Paraphrasieren meint die Umformulierung eines Textes oder einer Aussage in eigenen Worten, um den Inhalt zu klären, zu verdeutlichen oder zusammenzufassen. Es geht dabei nicht darum, die ursprüngliche Aussage zu verändern, sondern vielmehr darum, sie auf eine andere Art und Weise auszudrücken, um sie verständlicher zu machen, und das dann bestenfalls in eine Geschichte einzubauen. Die Folge: Das Gegenüber fühlt sich besser verstanden und fasst wesentlich schneller Vertrauen zum Gesprächspartner, zum Unternehmen und damit zum Produkt und dem Angebot.

Der antike römische Philosoph Epiktet soll gesagt haben: »Der Mensch hat zwei Ohren und eine Zunge, damit er doppelt so viel hören kann, wie er spricht.« Überlege, was das zukünftig für dein kommunikatives Verhalten bedeuten könnte.

#047 Heldinnen und Helden aus Hollywood

Wann immer man sich mit dem Thema Storytelling und dem Aufbau von Geschichten beschäftigt, stößt man auf die Heldenreise[21] und den Namen Joseph Campbell. Sein 1949 erschienenes Buch »Der Heros in tausend Gestalten« wurde zum Grundgerüst vieler Buchbestseller und den nachfolgenden Hollywood-Blockbustern.

Campbell analysierte viele Geschichten und Mythen aus den verschiedensten Kulturen und Zeiträumen und identifizierte dabei Muster und Schritte, die diese Geschichten gemeinsam hatten. All diese großen Storys hatten eine bestimmte Abfolge, in dessen zeitlichen Ablauf die Hauptfigur zum Helden aufstieg, daraus entstand die vielzitierte Heldenreise (wir verzichten in Hinblick auf die Entstehungszeit in der Liste auf die gegenderte Form).

Joseph Campbells Heldenreise in zwölf Stationen sieht wie folgt aus:

1. Die Alltagswelt: Der Held genießt in Ruhe und Frieden den Tag.
2. Der Ruf zum Abenteuer: Den Helden ereilt ein Ruf, eine Herausforderung oder ein Abenteuer anzunehmen.
3. Die Weigerung: Der Held lehnt den Ruf zunächst ab; aus Angst, Unsicherheit oder anderen Motiven.
4. Die Begegnung mit dem Mentor: Der Held trifft auf einen Mentor, der ihm bei der Vorbereitung hilft und ihn mit Werkzeugen unterstützt.
5. Die Überschreitung der ersten Schwelle: Der Held verlässt die gewohnte Umgebung und betritt eine neue Welt oder Dimension.
6. Die Prüfungen: Den Helden erwarten Prüfungen und Herausforderungen.
7. Die inneren Zweifel: Der Held muss sich mit den eigenen Ängsten und Schwächen auseinandersetzen.
8. Die Erkenntnis: Der Held erlangt eine wichtige Erkenntnis oder Weisheit, die ihn zuversichtlich stimmt, um schließlich als Gewinner zurückzukehren.
9. Die Verfolgung: Ein feindliches Gegenüber bäumt sich auf für den alles entscheidenden Kampf.
10. Die Entdeckung: Der Held entdeckt etwas Wichtiges oder Unverzichtbares.
11. Die Wiedergeburt: Der Held stirbt symbolisch und wird wiedergeboren, um gestärkt zurückzukehren.

12. Die Rückkehr: Der Held kehrt mit einer neuen Perspektive, Macht oder Weisheit in die alltägliche Welt zurück und verändert sie auf positive Weise.

Diese Schritte müssen nicht notwendigerweise in dieser Reihenfolge auftreten, und nicht alle Geschichten enthalten alle Schritte. Die Stationen der Heldenreise bieten jedoch eine strukturelle Vorlage, die viele Autor:innen und Filmemacher:innen verwendet haben, um erfolgreiche und fesselnde Geschichten zu erzählen.

Edgar Allen Poe, Stephen King und nun auch noch die Hollywood-Blockbuster – die große Klammer bildet immer die Struktur, das Raster oder das Muster. Sogar die Musik folgt dieser Struktur: Dieter Bohlen hat es nicht zum guten Songschreiber gebracht, weil er das Komponieren neu erfunden hat oder die Texte seiner Lieder für den Literaturnobelpreis taugen würden. Er hat für sich sehr rasch entdeckt, dass die allermeisten Songs in den Charts auch eine Struktur und ein Raster haben, weshalb für mich als Musiklaie viele seiner Songs gleich klingen.

Wenn du an die Ausarbeitung deiner Story gehst, prüfe, welche der zwölf Stationen der Heldenreise dabei eine Rolle spielen sollen oder können.

#048 Im Geheimdienst Ihrer Majestät

James Bond, die 1953 von Ian Fleming erfundene Roman- und Filmfigur, ist den allermeisten von uns bekannt und deshalb auch eines der besten Beispiele für die Heldenreise. Meist beginnen die 007-Filme damit, dass James Bond irgendwo in der Sonne liegt, in seiner rechten Hand ein Martini, »geschüttelt, nicht gerührt«, und an seiner linken Seite meist eine wunderhübsche Frau – die alltägliche Welt bei James Bond. Ein Bote reicht James eine Nachricht oder bringt ihm sein Telefon, und am anderen Ende der Leitung ist meist Miss Moneypenny, die ihn auffordert, sofort nach London zu kommen – der Ruf.

James Bond erklärt, dass er gerade erst die Welt von einem Schurken befreit und daher nun keine Lust hat, sofort wieder in den Dienst zurückzukehren – die Weigerung. Dennoch kehrt Bond nach London zurück und nimmt seine Befehle entgegen. Bevor er das Headquarter des MI6 verlässt, stattet er Q, dem Waffenmeister Ihrer Majestät, einen Besuch ab. Dieser stattet Bond mit den neuesten Technologien aus – der Mentor –, ohne Q würde James Bond in jedem Film sein Leben schnell ausgehaucht haben.

James Bond macht sich auf den Weg in das Land des Bösewichts – die Überschreitung der ersten Schwelle. Auf dem Weg dorthin hat er meistens schon die ersten Prüfungen und kleineren Rangeleien zu bestehen, und immer lernt er dabei auch seine Unterstützer:innen kennen, unter denen sich stets eine wunderschöne und kampferprobte Frau befindet – Prüfungen und Verbündete.

Vielfach wird James Bond mit der eigenen Vergangenheit und so manchem ungelösten Problem konfrontiert, weshalb starke Zweifel in ihm aufkommen – innere Zweifel. Doch durch die aktuellen Ereignisse und die Recherchen erlangt er immer mehr Wissen über den Bösewicht und ist nun wieder zuversichtlich, diesen auch besiegen zu können – die Erkenntnis.

Darauf folgend kommt es zur Begegnung mit dem Widersacher und zum ersten Kampf, der vielfach zunächst unentschieden endet. James Bond gibt allerdings nicht auf und setzt alles daran, die Welt vor dem Untergang zu retten – die Verfolgung.

Durch eine glückliche Fügung und durch das Zutun der Verbündeten, meist der wunderschönen Frau, erlangt James Bond weitere Erkenntnisse und erstarkt im Kampf gegen seine Kontrahenten – die Entdeckung.

Schließlich kommt es zur großen finalen Auseinandersetzung, der Sieg steht mehrmals auf des Messers Schneide, doch James Bond gewinnt, rettet die Menschheit und wird zum Helden des MI6 und zum Helden für das Publikum – die Wiedergeburt.

In der letzten Szene sehen wir James Bond meist wieder an einen der schönsten Plätze der Welt, in seiner rechten Hand ein Martini, »geschüttelt, nicht gerührt«, und an seiner linken Seite meist eine sehr, sehr hübsche Frau – die Rückkehr in die alltägliche Welt.

Du kannst dir die großen Blockbuster ansehen und wirst immer wieder bemerken, dass sie genau dem Muster der Heldenreise folgen. Wenn du das überprüfen willst, dann schau dir Filme mit meinen persönlichen Bond-Lieblingsdarstellern an: Sean Connery, Daniel Craig und Roger Moore.

#049 Ich bin nicht James Bond

… und dieses Buch wird dir dazu auch nicht die Anleitung liefern, James Bond nachzuahmen oder zu einem solchen Helden zu werden. Im Business bist du der Mentor oder die Mentorin, Unterstützer:in oder Waffenmeister:in, und du stattest deinen Kundenkreis mit den richtigen Werkzeugen aus, sodass diese (!) zu Held:innen werden.

Wenn du es schaffst, deine Kund:innen immer erfolgreicher zu machen, kannst du es nicht verhindern, dass du selbst immer erfolgreicher wirst!

Der Gründer und langjährige Chef von Red Bull, Dietrich Mateschitz, hat sich nie in den Vordergrund gestellt: Es waren Tausende Sportler weltweit, die er unterstützt hat, viele Sportarten und Events, wovon es einige zuvor noch nie gab, die er unterstützte und ins Leben rief. Es gibt, wenn überhaupt, nur eine Handvoll Fernseh- oder Radiointerviews mit Didi Mateschitz. Die Heldenreise traten immer die Athlet:innen an, sie waren die Siegreichen, die Weltmeister:innen – wir erinnern uns an Felix Baumgartners legendären Stratosphärensprung Red Bull Stratos[22] am 14. Oktober 2012. Das Ereignis wurde damals von 77 TV-Stationen live übertragen, Millionen von Menschen waren live via YouTube dabei. Inszeniert wurde das Spektakel von Red Bull nach der Struktur der Heldenreise von Joseph Campbell.

Auch Red Bull hat den Weg des Storytellings nicht erst eingeschlagen, als das Unternehmen schon einer der erfolgreichsten Konzerne war. 1987 wurde in Österreich der erste Red-Bull-Werbespot ausgestrahlt: »Red Bull verleiht Flügel« ist mittlerweile ein Kult-Claim in der Werbebranche. Doch genau hier erkennst du gut, dass Red Bull der Mentor ist:

Red Bull verleiht den Kund:innen Flügel – es sind die Kund:innen, die zu heldenhaften Stars werden!

#050 Die glorreichen Sieben

Die älteren Leser:innen verbinden mit diesem legendären Titel einen US-amerikanischen Western aus dem Jahr 1960. Ich habe diesen Western seit den Siebzigerjahren unzählige Male gesehen. Manche der sieben Hauptdarsteller waren bereits vor diesem Streifen Filmstars, manche wurden es erst durch diesen Film. Dabei waren Yul Brynner, Steve McQueen, Charles Bronson, Robert Vaughn, Brad Dexter, James Coburn – und mit Horst Buchholz auch ein deutscher Schauspieler. Die Neuverfilmung 2016 schaffte es nicht annähernd zu einem ähnlich großen Ruhm.

Die glorreichen Sieben lassen sich sehr gut für dein Storytelling im Business nutzen. Aus den zwölf Punkten der Heldenreise nehmen wir die wesentlichsten sieben Punkte und kreieren daraus ein universelles Gerüst für beinahe jedes Business.

Die glorreichen sieben Punkte sind:

1. Die Figur
2. Das Problem
3. Der Mentor
4. Der Plan
5. Die Aufforderung
6. Der Gewinn
7. Der Erfolg

Verwende bei dem Setting deiner Story möglichst oft Aufzählungen mit ungerade Zahlen – man nennt dies den Odd-Number-Effekt[23]: Das bezieht sich auf die Tendenz des menschlichen Gehirns, ungerade Zahlen besser zu verarbeiten und in Erinnerung zu behalten als gerade Zahlen.

#051 Die Figur, das Problem und der Mentor

Es ist immer die Figur der Heldenreise, die das Problem hat und durch deine Lösung dieses Problems zur Heldin oder zum Helden wird. Du selbst darfst dich nicht als Heldin oder Held aufführen. Wenn du dich als Verkäufer:in, als Führungskraft oder als Unternehmer:in selbst zum Helden machst, wirst du in den allermeisten Fällen als »Loser« vom Platz gehen. Angeberei wird abgestraft.

Wie schon in den großen Filmklassikern beginnt die Geschichte in Ruhe und Frieden. Denk an den Film Nemo: Marlin lebt mit seiner Frau und den vielen Eiern rundum glücklich in einem Riff. Das Glück wird jäh unterbrochen, als ein Raubfisch alle Eier, bis auf eines, verschlingt und Marlin seine Frau verliert.

Und genau so geht es deinen Kund:innen – sie haben ein Problem zu lösen. Ich sitze morgens auf meiner Terrasse bei einer Tasse Kaffee und will die Zeitung lesen, doch ich ärgere ich mich über meinen Rasen und kann die Ruhe am Morgen nicht genießen. Mein Rasen hat riesige Löcher, es wächst Unkraut und er sieht hässlich aus. Oder ich lese und höre ständig von der großen Inflation und sorge mich um meine Pension – klar sind meine Probleme nicht so dramatisch wie bei James Bond, doch für mich sind diese um ein Vielfaches realer und näher als eine fiktive Filmgeschichte.

In dem Film »My Fair Lady« hat Eliza Doolittle das Problem, dass sie mit einem sehr starken Akzent spricht. Der Sprachforscher Henry Higgins nimmt Eliza unter seine Fittiche und unterzieht sie einem strengen Training, um ihre Sprache und ihre Manieren zu verbessern. Obwohl sich Higgins stark zu Eliza hingezogen fühlt, bleibt er immer ihr Mentor. In »Star Wars« sind Meister Yoda und Obi-Wan Kenobi die Mentoren von Luke Skywalker. Ohne Q würde James Bond nie gewinnen und ohne dich, deinem Angebot, deinem Produkt können deine Kund:innen nicht gewinnen. Du bist Meister Yoda oder Q für sie. Wenn du dich selbst zum Helden machst, trittst du in Konkurrenz zu ihnen – und du wirst abgelehnt.

Ob beruflich oder privat: Beobachte genau, wer Mentor und wer Held ist. Dein Ziel muss sein, als Mentor gesehen zu werden.

#052 Der Plan

Menschen suchen Orientierung und brauchen und wollen einen klaren Plan. Auch wenn es vorweg nur um ein Problem geht, so haben die allermeisten drei Probleme – ein äußeres, ein inneres und ein philosophisches. Du brauchst einen Plan oder eine Lösung für alle drei – das zeigen diese Bespiele:

Beispiel Tesla

- *Das äußere Problem: Ich brauche ein neues Auto.*
- *Das innere Problem: Ich will einer der ersten sein, der eine neue Technologie nutzt.*
- *Das philosophische Problem: Ich will die Umwelt schonen und setze auf Strom- anstatt auf Benzin- oder Dieselantrieb.*

Beispiel Rasendünger

- *Das äußere Problem: Der Rasen sieht hässlich aus und es wächst Unkraut.*
- *Mein inneres Problem: Alle Nachbarn haben einen schöneren Rasen.*
- *Mein philosophische Problem: Ich will kein Gift im Garten verstreuen und die Bienen schonen.*

Liebe Heldin, lieber Held! Hast du das bemerkt, hast du dir das beim Lesen dieses Buches schon gedacht? Du bist gerade Teil deiner eigenen kleinen oder großen Heldenreise. Ja, das bist du!

Du bist die Hauptfigur, du hast das Buch aus einem bestimmen Grund gekauft und liest es, weil du ein Problem in der Kommunikation deines Unternehmens verspürst. Vielleicht erscheint es dir nicht als Problem, aber du hast das Gefühl, es könnte dir helfen, das Buch zu lesen. Es könnte ein paar Knoten lösen, ein paar Situationen verbessern, ein paar Kundenbeziehungen frisch anstoßen oder optimieren.

Das Buch soll dir – wie ein Mentor es macht – Werkzeuge geben, dir Ideen und Lösungen bieten, aus denen dein klarer Plan hervorgehen kann. Damit du am Ende als Heldin oder Held aus der Geschichte hervorgehst.

#053 Die Aufforderung

In einer Geschichte werden die Heldencharaktere aufgefordert zu handeln, und oft sind es sehr emotionale Dialoge, in denen die wahren Gründe für die Notwendigkeit des Handelns beschrieben werden.

Wir Menschen machen relativ wenig aus innerem Antrieb. Das Motiv, Schmerzen zu vermeiden, ist wesentlich größer als der Wille, Großartiges zu erreichen. Wenn du Kinder hast, dann weißt du, dass das Allermeiste nur nach einer Handlungsaufforderung geschieht und funktioniert. Ich habe gehört, dass es in vielen Unternehmen ähnlich sein soll. Etwa wenn du Produkte und Dienstleistungen verkaufen willst: Du brauchst einen Call-to-Action, die Aufforderung, zu handeln. In den meisten Verkaufstrainings lernt man die Abschlussfrage zu stellen. Verkauf ohne Abschluss nennt sich Beratung. Viele haben aber eine große Angst vor der Abschlussfrage, da sie Angst vor dem Nein haben.

Aufforderungen zum Handeln siehst du vielfach im Sport: Viele Trainerpersönlichkeiten brüllen außer Rand und Band neben dem Spielfeld, um die Athlet:innen anzuspornen und anzutreiben, damit sie alles geben und den Sieg zu holen – ein Call-to-Action im sportlichen Sinne.

Deine Kund:innen benötigen diese Aufforderung ebenso, und manchmal braucht es eben nur diese eine kleine Motivation, damit sie diesen Schritt gehen und »Ja« zum Angebot und zum Kauf sagen. Wir alle kennen den Call-to-Action im Onlineshop, den Button »JETZT KAUFEN«. In der digitalen Welt werden die »JETZT KAUFEN«-Buttons tausendfach mittels A/B-Test[24] getestet. Position, Farbe und Wortlaut werden geändert und wieder getestet. Die digitale Welt kennt die Angst vor der Abschlussfrage nicht, die digitale Welt optimiert, bis die Abschlussrate passt – und optimiert dann auch noch weiter.

Du weißt ja: Was du nicht verkaufst, verkaufen die anderen!

#054 Der Gewinn

Geschichten drehen sich um eine einzige Frage: Was steht auf dem Spiel? Wenn es nichts zu gewinnen oder zu verlieren gibt, interessiert die Story niemanden. Gelingt es James Bond, den Bösewicht zu besiegen, oder muss die ganze Menschheit sterben? Gelingt es dem Jungen, das Herz des Mädchens zu erobern, oder muss er ein Leben in Einsamkeit und Selbstzweifel führen?

Wenn in einer Story nichts auf dem Spiel steht, gibt es keine Story. Wenn es bei der Frage, ob Kund:innen ein Produkt kaufen oder nicht, um nichts geht, werden sie nicht kaufen – warum auch! Das heißt: Du musst den Kund:innen zeigen, was es sie kostet, wenn sie nicht mit dir ins Geschäft kommen!

Als Zahnarzt etwa musst du deinen Patient:innen klarmachen, was es sie kostet, wenn du die Karies nicht behandelst – es kostet sie die Zähne, und nicht nur das: »Wenn du jetzt nicht Platz nimmst und deine Karies unbehandelt bleibt, dann kostet es dich deine Zähne, und ein Zahnersatz kostet 1.500 Euro – 32 Zähne kosten nach Adam Riese also 48.000 Euro!«

Menschen leiden unter einem Verlust oft stärker, als dass sie sich über einen Gewinn freuen. Der Schmerz, Geld zu verlieren, ist bedeutend größer als die Freude über einen Gewinn. Branchen wie Versicherungen beruhen auf dem Geschäftsmodell des Verlustes, etwa Krankenversicherungen, Lebensversicherungen und die Rentenversicherung und Pensionsvorsorge.

Was verlieren deine Kund:innen, wenn sie heute nicht bei dir kaufen? Wie kannst du ihnen diesen »Schmerz« anschaulich und spürbar darstellen?

#055 Der Erfolg

Wenn du als kleines Kind bei einem Wettbewerb den ersten Platz erreichst und einen Pokal gewonnen hast oder als Sieger:in vom Platz gegangen bist, so hast du das allen erzählt. Vater, Mutter, Oma, Opa, Tanten, Freunden, einfach allen – und alle haben sich mit dir über diesen großartigen Moment gefreut.

Vieles in unserem Verhalten ist von klein auf erlernt und trainiert. Und auch, weil jene Momente mit starken Emotionen verbunden sind, bleiben sie in unserem Gedächtnis nachhaltig haften. Und natürlich sehnen wir uns nach diesen großartigen Momenten …

Wir müssen den Menschen sagen, wie großartig ihr Leben sein kann, wenn sie heute unser Produkt kaufen. Die Politik verwendet das vielfach in ihrer Wahlkommunikation. Ronald Reagan war der 40. Präsident der USA, und zwar von 1981 bis 1989 (ich selbst bin 1969 geboren und somit war er der erste US-Präsident, den ich aktiv wahrgenommen habe). Ich erinnere mich, dass er in seinen Reden oft das Bild der blühenden und leuchtenden Städte gemalt hat. Damals wurden die großen Kraftwerke gebaut, Strom und Straßenbeleuchtung erhellten auch die entlegensten Städte.

Bill Clinton bot an: »Building a bridge to the twentyfirst century«[25]: »Baut eine Brücke in das einundzwanzigste Jahrhundert«. Barack Obama vereinte Menschen mit »Yes, we can«[26], und auch, wenn Donald Trump niemand mehr braucht, doch mit »Make America great again«[27] hat er viele auf die Heldenreise mitgenommen. Joe Biden wurde weniger deshalb gewählt, weil er Menschen mitreißen kann, sondern eher, weil sie Trump nicht mehr wollten. In ihren jeweiligen Wahlkämpfen traten sie allesamt als Mentoren auf, es gab kein ICH in der Kommunikation. Trump aber inszenierte sich beim Antritt zur Wiederwahl als Held und nicht mehr als Mentor. Ein schwerer Fehler!

Am Ende musst du liefern – dein Versprechen, die Leistung, die Qualität. Wenn du deine Versprechen nicht einlöst, wird dich niemand weiterempfehlen, niemand wählen, wirst du ausgebuht werden.

Steve Jobs versprach 2001 bei der Präsentation des iPod: »1.000 Songs in your Pocket« – und zeigte den Menschen damit, wie schön ihr Leben in Zukunft mit der Lieblingsmusik in der Tasche sein wird.

Wie lautet die E-Mail, die dir deine Kunden in einem Monat oder in einem Jahr schreiben werden?

#056 Fehler vermeiden

Große Geschichten erzählen vom Überleben, vom Kampf, vom Sieg und sind in einem großen emotionalen Feuerwerk eingebettet. Wovon große Geschichten allerdings nicht berichten, das sind Zahlen, Daten und Fakten. Oder hast du jemals gesehen, dass sich James Bond mit einer Spesenabrechnung geplagt hat?

Es gibt drei Fehler, die im Business-Storytelling zu oft gemacht werden. Zunächst einmal ist da die Konzentration auf das eigene Produkt und dessen Zahlen, Daten und Fakten. Es interessiert kaum jemanden, wie viele Buchstaben, Silben, Wörter, Sätze oder Leerzeichen dieses Buch enthält, es wird sich auch kaum jemand dafür interessieren, wie lange ich recherchiert, geschrieben, neu geschrieben und korrigiert habe. Doch ich erlebe tagtäglich Verkäufer:innen, die mich mit unverlangten Informationen überfordern. Vergiss Zahlen, Daten und Fakten!

Kommen wir zum nächsten Fehler: Viele Unternehmen zwingen uns zum Kalorienverbrauch, denn Denken bedeutet Energieverbrauch. Das aber widerspricht der grundsätzlichen Aufgabe des Gehirns: Dieses ist dazu angehalten, Energie effizient einzusetzen. Aus diesem Grund werden überflüssige und sinnlose Informationen radikal ausgeblendet. Und darum ist jede überflüssige Information etwa zu deinen Produkten kontraproduktiv.

Der dritte Fehler betrifft die Unterbrechung: Werbung unterbricht uns bei dem, was wir gerne machen. Denk an die TV-Werbung, die Pre-Rolls auf YouTube – also diese unsäglichen Werbevideos, die wir vor Onlinevideos ertragen müssen – oder die Full-Banner auf dem Display. Menschen lieben gute Musik und hassen störenden Lärm.

Storys sind nicht der passende Ort für überbordende Zahlen, Daten und Fakten, kein Ort für sinnentleerte Texte und keine Spielwiese für Krawallmacher aus der Werbeabteilung. Für gute Businesskommunikation musst du die Zahlen verstehen und Menschen lieben.

#057 Spannung erhöhen, wie es weitergeht

Wir kennen das vor allem von den Serien im TV oder auf Netflix: Immer, wenn es besonders spannend wird, endet die Episode und wir können es kaum erwarten zu erfahren, wie es weitergeht. Damit du dranbleibst und wieder einschaltest, verwenden die Drehbuchautor:innen einen Cliffhanger: Das ist eine Technik im Storytelling, bei der eine Geschichte, eine Episode, ein Kapitel oder eine Szene mit einem unerwarteten und spannenden Ereignis oder einer Wendung endet, die eine starke emotionale Reaktion hervorruft und die Aufmerksamkeit auf die Fortsetzung lenkt.

Der Name »Cliffhanger« stammt von frühen Hollywood-Serien, in denen oft eine Figur an einer Klippe hing und die Zuschauer:innen bis zur nächsten Episode darüber im Unklaren gelassen wurden, ob sie gerettet werden würde.

Die Cliffhanger-Technik kann auch in jede Businessstory oder in ein Verkaufsgespräch eingebaut werden und dazu beitragen, das Interesse und die Neugier zu steigern.

Als Verkäufer:in bietest du einem potenziellen Kunden ein neues Produkt an, das revolutionäre Funktionen beinhaltet. Du kannst das Gespräch mit den Worten beenden: »Ich habe Ihnen jetzt einige der erstaunlichen Funktionen dieses Produkts gezeigt, aber das ist nur die Spitze des Eisbergs. Es gibt noch so viel mehr zu entdecken, doch ich denke, das sollten Sie in den kommen Wochen selbst herausfinden. Wann hätten Sie es gerne geliefert?« In diesem Fall ist der Cliffhanger auch noch mit der Abschlussfrage kombiniert, wodurch die Abschlussquote enorm gesteigert werden kann.

Gehe jede deiner Storys kritisch durch und überlege, wo sich welcher Cliffhanger einbauen lässt.

#058 Geschichten zahlen sich aus

Im Jahr 2009 starteten zwei Autoren in den USA, Rob Walker und Joshua Glenn, ein Experiment namens »Significant Objects«[28]. Das Experiment sollte untersuchen, ob der emotionale Wert eines Objekts den tatsächlichen Wert beeinflussen kann. Das Experiment bestand darin, dass die Autoren 200 unbedeutende Objekte, wie zum Beispiel Tassen oder Spielzeuge, auf Flohmärkten und in Secondhand-Läden kauften. Sie zahlten im Durchschnitt weniger als einen Dollar pro Objekt. Dann baten sie eine Gruppe von etwa 25 Autoren, eine Kurzgeschichte über jedes der Objekte zu schreiben, um so deren jeweiligen emotionalen Wert zu steigern.

Anschließend wurden die Objekte auf eBay zum Verkauf angeboten und mit den Geschichten der Autoren versehen. Insgesamt wurden alle 200 Objekte innerhalb von sechs Wochen verkauft und erzielten einen Verkaufserlös von über 8.000 US-Dollar. Der durchschnittliche Verkaufspreis für ein Objekt betrug mehr als das 25-Fache des ursprünglichen Kaufpreises.

Das Ergebnis hat belegt, dass der emotionale Wert, der durch die Geschichten hervorgerufen wurde, den tatsächlichen Wert des Objekts enorm steigern konnte. »Significant Objects« hat auch Diskussionen darüber ausgelöst, wie die Verwendung von Storytelling im Marketing und im Verkauf genutzt werden kann, um den emotionalen Wert von Produkten zu steigern.

Das Experiment konnte zeigen, dass der Wert von Produkten durch gutes Storytelling um bis zu 25mal gesteigert werden kann. Das sollte dich nochmals motivieren, in deiner Kommunikation ab sofort mehr Storytelling zu verwenden!

#059 Worte statt Bilder

Du kennst sicherlich den Satz »Ein Bild sagt mehr als 1.000 Worte«. Für viele ist das eine verlässliche Weisheit. Ich bin allerdings der Meinung, dass es Situationen gibt, in denen dieser Satz nicht stimmt. Er stammt von Fred R. Barnard und heißt im englischen Original »One Look is Worth a Thousend Words«[29]. Der gute Mann wollte vor rund 100 Jahren Werbung auf Straßenbahnen verkaufen. Viele Menschen taten sich damals mit dem Lesen noch schwer und konnten die Sätze an den vorbeifahrenden Straßenbahnen kaum lesen. Später bezeichnete Barnard diese Aussage als altes chinesisches Sprichwort, denn auch damals war es schon so, dass eine vorgeblich alte Weisheit den Menschen glaubwürdiger erschien.

Harry Potter ist ohne Zweifel eine große Geschichte, die Bücher wurden (bisher) über 500 Millionen Mal verkauft, die Menschen strömten in Kinos, kauften Millionen an Merchandising und pilgern in London immer noch zum Bahnsteig 9¾. 500 Millionen Bücher mal nur 20 Euro, und rund acht Milliarden sollen die Filme in den Kinos eingespielt haben und dazu noch das Merchandising – das macht wohl mehr als 20 Milliarden Euro für die Geschichte eines kleinen Jungen.

Das teuerste Bild der Welt ist aktuell »Salvator Mundi«, ein Ölgemälde, das um 1500 entstand und Leonardo da Vinci zugeschrieben wird. Das Bild wurde 2017 für eine Rekordsumme von 450 Millionen Dollar (damals 382 Millionen Euro) über das Auktionshaus Christie's an einen saudi-arabischen Scheich verkauft. Wo sich das Gemälde aktuell befindet, ist nicht näher bekannt.

Das heißt: Die beste Story der Welt bringt über 20 Milliarden, das teuerste Bild nicht mal 400 Millionen Euro.

Meine Kinder haben Harry Potter gelesen und nachfolgend die Filme gesehen. Sie und andere Kinobesucher:innen, die zuvor auch schon das Buch gelesen hatten, sagten mir: »Das Buch war besser als der Film.« Das ist für mich der Beweis dafür, dass Geschichten im Kopf entstehen und die stärksten Geschichten im Kopf als leuchtende Bilder gespeichert werden.

Erinnerst du dich noch daran? »Lesen ist Abenteuer im Kopf«.

5

Warum du in der überladenen Medienwelt auffallen musst, oder: Die Bausteine zum Erfolg einer Story

Gleich begegnen sie dir schon wieder: die verflixten Sieben! Die nächsten Bausteine für deine Story liegen vor dir, ich drücke sie dir in diesem Abschnitt in die Hand. Jonglieren musst du dann selbst damit, aber du wirst sehen: Storytelling ist dein perfektes Smarthome, in dem du dich so richtig gemütlich und zufrieden zurücklehnen kannst und in dem dich viele Menschen gerne besuchen kommen. Ein Zuhause, das nicht nur einen kuscheligen Rückzugsort darstellt, sondern auch Platz für gesellige Partys bietet.

#060 Die glorreichen Sieben – Reloaded

Was steckt hinter der Zahl Sieben? Und warum heißt es hier »Reloaded«?

Nun, die Zahl Sieben hat seit Jahrhunderten eine besondere Bedeutung in vielen Kulturen und Religionen. Und es gibt Gründe, warum die Sieben als wichtig oder mystisch angesehen wird: In vielen Religionen gibt es sieben Tage in einer Woche, einschließlich des Christentums, des Islam und des Judentums. Die Sieben wird auch in der Schöpfungsgeschichte als die Anzahl der Tage erwähnt, die Gott benötigt, um das Universum zu erschaffen.

In der Natur gibt es zum Beispiel die sieben Farben des Regenbogens, die sieben Meere oder die sieben Kontinente. Und in der Numerologie wird der Sieben eine besondere Bedeutung zugeschrieben. Sie wird oft als eine Zahl der Vollständigkeit, Spiritualität und Weisheit betrachtet. In der antiken griechischen Mythologie schließlich gibt es sieben Götter, die auf dem Berg Olymp regieren. Ebenso wurden im alten Ägypten sieben Himmel identifiziert. Damit nicht genug: Es gibt sieben Chakren im Hinduismus und Buddhismus, die die Energiezentren im menschlichen Körper repräsentieren.

Ich möchte die Zahl Sieben dafür nutzen,

- dass du dich besser an die Inhalte und an die Tipps in diesem Buch erinnerst,
- dass dir bei der Zahl die Stationen im Storytelling im Business ins Gedächtnis gerufen werden und
- dass du stets an die sieben Bausteine für erfolgreiches Storytelling und Content Marketing denkst (siehe die Storys 50 bis 55).

Wie Geschichten wirken und wie du mithilfe verschiedener Raster oder Storylines erarbeiten kannst, hast du auf den letzten Seiten erfahren. Bevor du dich hinsetzt und schreibst und schreibst, solltest du dir noch über einige weitere wichtige Bausteine im Klaren sein.

Sieben ist meine Lieblingszahl. Was ist deine? Es ist durchaus erlaubt, dass du alternativ deine Lieblingszahl nutzt, um deinen Storys eine Struktur zu geben.

#061 Die Entscheidung: »schlechter« Content oder Storytelling

Es gibt einen Unterschied zwischen der Erstellung von Content (im Rahmen des Content Marketing) oder Storytelling. Lass mich dabei betonen: Es gibt gutes Content Marketing und weniger gutes. Das »gute« Content Marketing nutzt Elemente des Storytellings, während das »schlechte« sich durch Einfallslosigkeit auszeichnet. Die Beispiele verdeutlichen den Unterschied zwischen »schlechtem« Content Marketing und Storytelling:

- *Content:* »Durch unseren neuen Maschinenpark sind wir DIN-, ISO-, Alpha-, Beta-, Gamma-zertifiziert und liefern höchste Qualität bei größter Umweltsensibilität.« Das ist Content, wie du ihn millionenfach liest, hörst oder in Imagevideos siehst.
- *Storytelling:* »Ich erinnere mich an meinen ersten Schultag, vor mittlerweile weit über 40 Jahren. Am Nachmittag brachte mich meine Mutter in die Tischlerei meines Großvater und er sagte: ›Junge, mit dem ersten Schultag bist du einer von uns und neben dem, was du in der Schule lernst, darfst du nun auch alles über Holz lernen.‹ Wir machten einen Rundgang durch die Werkstatt, als mein Großvater plötzlich an einer fast fertigen Kommode stoppte und den Arbeiter fragte, warum denn die Rückwand aus einer Pressspannplatte bestehe und nicht aus echtem Holz. ›Das sieht kein Mensch‹, sagte der Tischler, und mein Großvater erwiderte: ›Würde die Kommode in meinem Schlafzimmer stehen, würde allein das Wissen um die minderwertige Rückwand mir den Raum enger, kälter und dunkler machen.‹ Bis heute fertigen wir noch jedes Möbelstück so, dass es sich mein Großvater in sein Haus stellen würde. Das verstehen wir unter Qualität.«

Die zwei Beispiele zeigen die Wirkkraft von Storytelling, bei dem sich der Storyteller persönlich einbringt, anschaulich und konkret bleibt und dabei zugleich informiert und unterhält. Also entscheide dich:

Wie willst du vorgehen? Sinnbefreiten, weil ausschließlich faktenbasierten Allerwelt-Content verbreiten oder eine individuelle Story erzählen?

#062 Was die da draußen wollen: Expertenstatus aufbauen

»Geschichten erzählen, was das Zeug hält! Für jeden etwas anbieten.« So lautet ein Mantra des – eher »schlechten« – Content Marketings. Aber warum solltest du plötzlich allen möglichen Menschen Storys reindrücken und ziellos und zielgruppenlos drauflostexten? Natürlich kennst du die Zielgruppe, die du ansprechen willst, und vielleicht stellt sich auch die Frage, ob du neue Zielgruppen für deine Sache gewinnen willst. Oder du entscheidest dich, nur ein bestimmtes Thema zu besetzen.

Nehmen wir das Beispiel »Versicherung«: Such dir eine Sparte aus, beispielsweise Gesundheit, und bleib ganz spitz bei diesem Thema. Bau dir in diesem Bereich Kompetenz auf, einen Expertenstatus – geh in dieses Thema ganz tief rein. Werde zum absoluten Profi auf diesem Gebiet. Klar ist, es geht am Ende des Tages um den Verkauf, wir wollen und müssen alle etwas verkaufen, und dafür benötigst du Leads. Und je besser dein Expertenstatus ist, desto mehr Leads wirst du generieren.

Finde heraus, was die Leute interessiert und was sie suchen, und kreiere dazu interessante, relevante und unterhaltsame Antworten, die du in gute Geschichten verpackst. Werde Expert:in auf einem Gebiet, bestenfalls auf dem Gebiet, das auch noch den höchsten Deckungsbeitrag liefert. Gute Leads bedeuten gute und vor allem begeisterte Kund:innen – und das wiederum bedeutet leichteres Cross-Selling.

Beobachte dich in privaten Gesprächen selbst: Wenn du andere Unternehmen, Handwerksbetriebe oder Ärzt:innen weiterempfiehlst, so empfiehlst du wahrscheinlich in den meisten Fällen Fachleute, die sich auf einen bestimmten Bereich fokussiert haben. Selten gibt es bekannte oder gar berühmte Allgemeinmediziner, doch es gibt viele bekannte Spezialist:innen für das demolierte Knie und Koryphäen auf dem Gebiet der Neurochirurgie.

Auf welchem Gebiet bist du Profi? Oder: In welchem Bereich willst du dich zur Expertin oder zum Experten entwickeln?

#063 Online, offline – what line?

Seit Jahren wird beim »Content Marketing« vor allem an digitale Kanäle gedacht, doch das ist vielfach auch der Herangehensweise geschuldet. Immer noch ist zu beobachten, dass Unternehmen separate Mediensilos bauen. Facebook ist in der Marketingabteilung angesiedelt oder wird auch mal von der Nichte des Chefs betreut, also wenig professionell. Der Twitter-Account wird von der Presseabteilung gehandelt. Klassische Werbung ist natürlich old-school und wird von einer externen Agentur betreut. Das Kundenmagazin liegt beim Vertrieb, und mit dem Messeauftritt will keiner etwas zu tun haben.

Mein Tipp: Hol dir alle Abteilungen ins Boot, mach eine Inventur, wer was wann und wo kommunizieren soll. Und gehe in die Content-Inventur: Was gibt es bereits an Inhalten, welche Storys gibt es? Grab in die Tiefe und in die Breite und du wirst einige große, fette Nuggets finden, die du bestens wiederaufbereiten und für andere Kanäle verwenden kannst. Leg ein besonderes Augenmerk darauf, aus welchen Content gute und wirksame Storys entstehen können.

Beginne damit, von der Story und der Zielgruppe her zu denken: Was gibt die Story für welche Zielgruppe her, wie und wo erreiche ich die richtigen Menschen, meine potenziellen und meine bestehenden Kund:innen? Beginnt die Story mit einem Youtube-Video oder einem Facebook-Video als Teaser? Beginnt sie als Blogbeitrag oder im Kundenmagazin? Was ist das Ziel am Ende, gibt es überhaupt ein Ziel, wo baust du einen Call-to-Action ein und welchen Rückkanal hat dieser? Storytelling und »gutes« Content Marketing haben immer einen Rückkanal und bestenfalls einen Bezug zu einer Person, von der es ein Bild gibt und deren Namen und persönliche Kontaktdaten bekannt sind. Denn Menschen kaufen von Menschen und wollen auch mit Menschen kommunizieren. Du selbst musst nicht hinter jedem Kanal sitzen – aber du solltest dahinter stehen. Und du musst sicherstellen, dass deine Kund:innen die richtigen Antworten auf ihre Fragen erhalten.

Wie sieht deine Content-Inventur aus? Und wann führst du die Content-Inventur durch?

#064 Menschen in den Vordergrund stellen

Ein unschlagbarer Vorteil von Storytelling im Business ist die Möglichkeit, neben sich selbst auch Profis aus den eigenen Reihen aufs Spielfeld zu schicken. Jedes Firmen-Know-how ist einzigartig, in deiner Umgebung gibt es dein Team, Kolleg:innen und Fachleute, die richtig viel zu erzählen haben. Bescheidenheit war gestern – es gilt, Kompetenz zu präsentieren, denn diese bürgt ja auch für den großen Nutzen, den du stiften kannst! Erzähle auch Hintergrundinfos, also Wissen, das durchaus in die Tiefe gehen darf. Und vermittle Dinge, die sich hinter Produktionskulissen abspielen. Wichtig ist, dass dies keine Imagevideos oder Fachvorträge werden, sondern authentische Geschichten von Menschen, ungeschminkt und echt.

Es geht nicht um die Offenbarung von Betriebsgeheimnissen, sondern um seltene Einblicke. Da der Mensch von Natur aus neugierig ist, wird seine Verbindung zum Unternehmen stärker und das Vertrauen steigt. Schließlich haben die meisten Leute bei vielen Gegenständen des täglichen Gebrauchs keine Ahnung mehr, wie diese erzeugt werden. Ein Blick hinter Kulissen stellt eine neue Beziehung her. Ja, es gibt sie noch: Menschen, die stolz darauf sind, im Unternehmen zu arbeiten, und die gerne als Botschafter:innen auftreten. Und manchmal entdeckt man auch in entlegenen Abteilungen wahre Kommunikationstalente.

Aus diesen Gründen funktioniert Influencer-Marketing in vielen Bereichen ausgesprochen gut. Die meisten Influencer:innen haben eine persönliche Beziehung zu ihren Followern aufgebaut und genießen höchstes Vertrauen. Die Follower können sich besser mit dem Produkt identifizieren und werden zu Kund:innen. Es geht darum, dass du deine Produkte und Angebote auf kreative Art und Weise deinem Publikum authentisch präsentierst, dich so von der Masse und dem Durchschnitt abhebst und deinen Namen sowie deine Angebote in den Gedächtnissen deiner Kund:innen verankerst.

Lass es in deinen Storys und deiner Kundenkommunikation »menscheln«!

#065 Storytelling statt Faktenporno

Die wenigsten Leute lesen Gebrauchsanleitungen, Geschäftsberichte oder Nachhaltigkeitsberichte. Menschen konsumieren Inhalte, wenn sie verständlich sind und einen Nutzen bringen, wenn sie relevante Informationen enthalten oder auch nur unterhalten. Im besten Fall all dies gleichzeitig! Menschen suchen auch keine Werbung, ganz im Gegenteil, diese wird zunehmend ausgeblendet, unser Hirn schützt sich so vor zu vielen auf es niederprasselnde Informationen.

Inform and guide me – hype and entertain me: Der Mensch will unterhalten werden, und dies gelingt mit einer Story am besten. Es muss nicht immer eine Reportage sein, es kann auch mal ein spannungsgeladener Beinahe-Krimi sein, der im Unternehmen spielt. Wechsle die Stile zwischen Reportage, Interview, Geschichte, Kommentar, lade Gastautor:innen und Interviewpartner:innen aus anderen Branchen ein (das ist beispielsweise in meinem Podcast so üblich).

Bring Abwechslung und Frische in dein Storytelling rein – auch als CEO oder Eigentümer:in eines großen Unternehmens kann eine Homestory sinnvoll sein, kann eine Geschichte über die Hobbys Nutzen bringen. Denn zum Beispiel auf Kund:innen-Seite wird es immer wieder Personen geben, die das gleiche Hobby verfolgen oder der gleichen Leidenschaft frönen. Vorsicht ist nur bei kostspieligen Luxushobbys geboten; doch auch hier kommt es darauf an, welche Menschen, welchen Kundenkreis du ansprechen willst.

Lass dein Ziel nicht aus den Augen. Du willst den Lead, du willst etwas verkaufen – also muss auch immer der Call-to-Action mit hinein.

Fakten aufzählen können alle. Aber keiner will Tabellen oder Zahlenschlangen lesen, hören, sehen. Für erfolgreiches Storytelling braucht es kreative Geister. Lass dir also helfen, emotionalisierende, unterhaltsame und zugleich informative Storys zu kreieren.

#066 Der perfekte Kanal

Weniger ist mehr, das gilt auch für das Thema »Storytelling«. Beschränke dich auf ein, zwei oder maximal drei Kanäle, und wenn es mehrere sein müssen, dann verliebe dich in einen ganz besonders und gib für diesen Kanal 149 Prozent. Woher kommt diese krumme Zahl? Falls du glaubst, fünf Kanäle mit 100 Prozent bedienen zu können, dann wirst du mit allen irgendwo bei 60 bis 70 Prozent liegen. Du liegst damit im Durchschnitt, und den Durchschnitt bedienen alle anderen auch. Wenn du hingegen einen Kanal bewusst mit 149 Prozent bedienst, dann wird dies auch wahrgenommen werden, du wirst bessere Ergebnisse erzielen als der Durchschnitt, du wirst bessere Conversion Rates erzielen – es wird dir also gelingen, viele deiner Website-Besucher zu Kunden zu entwickeln.

Der Nebeneffekt: Dein Topkanal zieht auch die schwächeren Kanäle mit nach oben. Du übernimmst mit ihm die Führung und bewegst dich insgesamt weg vom Mittelmaß. Es ist zielführend, wenn du DER Profi in deiner Nische und der Star auf deinem Kanal bist. Es ist bei Weitem besser, der König in der Straße zu sein als der Niemand in der Stadt.

Youtuber nennen sich Youtuber, weil Youtube deren Hauptkanal ist. Sie sind nicht gleich stark auf Twitch, Facebook, Instagram und Co vertreten, sondern auf Social Media oft kaum zu finden. Aber auf »ihrem« Topkanal sind sie extrem stark!

Wenn du Kameras lieber meidest, dann kann ein Podcast dein Kanal sein. Wenn Social Media nicht dein Kanal ist, dann sind es vielleicht Bücher, die du als Expert:in geschrieben oder herausgegeben hast.

Immer wieder sehe ich, dass mit großen Aufwand ein Kanal gestartet wird und dieser dann nach einigen Monaten sanft entschläft. Storytelling und »gutes« Content Marketing ist Long Term Marketing: Es muss vorab klar sein, dass du ein bis zwei Jahre brauchst, bis es zu messbaren Erfolgen kommt.

Auch – oder gerade – in unserer schnelllebigen Zeit brauchst du manchmal einen langen Atem!

#067 Aufmerksamkeit ist nicht immer gut

Du hast bereits einige Aspekte kennengelernt, die dir helfen, die Aufmerksamkeit auf dich zu lenken. Doch es gibt weitere Punkte, auf die du unbedingt achten solltest.

Wenn du gutes Storytelling betreibst, stehst du irgendwann oder manchmal auch relativ rasch in der Öffentlichkeit, zumindest in deiner Branche und in deiner unmittelbaren realen Umgebung und in deinem digitalen Freundeskreis. Dies weckt vielfach Neid und Missgunst, nicht nur beim direkten Mitbewerb, sondern oft auch bei Personen oder Unternehmen, mit denen du gar nichts zu tun hast. Das musst du wissen und darauf solltest du dich auch vorbereiten.

Anfangs werden sie dich belächeln, aber wenn sich die Erfolge einstellen, werden sie über dich sprechen und dich vielleicht auch bekämpfen. Sie schauen dir genau auf die Finger und hören genau hin, was du wie sagst. Es gibt manche Branchen, die viele Rechtsanwälten beschäftigen und mit Abmahnung schnell parat stehen. Mittlerweile ist das sogar zu einem Geschäftsmodell geworden. Bleib bei der Wahrheit, auch wenn du manchmal versucht bist, die Tatsachen ein wenig zu beschönigen. Denn dies könnte vom Mitbewerb rasch und schonungslos aufgedeckt werden. Auch fachliche Ungenauigkeiten machen schnell die Runde. Achte darauf, keine Lizenz- und Urheberrechte zu verletzen, achte auf professionelle Arbeit und darauf, dass deine Mitarbeiter:innen oder deine Agentur dies ebenso ernst nehmen. Unrechtmäßig verwendete Bilder und Urheberrechtsverletzungen etwa können schnell mehrere Tausend Euro Strafe bedeuten.

Es gibt einen weiteren Punkt, den du in diesem Zusammenhang berücksichtigen solltest, obwohl er auf den ersten Blick gar nicht so relevant erscheint: Viele Menschen schenken der Rechtschreibung erst dann Beachtung, wenn andere Fehler machen. In privaten E-Mails oder sozialen Medien ist die Toleranzschwelle weit nach unten gegangen (auch wenn das manche schmerzen mag) – doch wenn du Produkte und Dienstleistungen verkaufst, die Tausende von Euros kosten, dann wirken Rechtschreibfehler und Tippfehler einfach nur peinlich und unprofessionell.

Welche Aspekte willst du vermeiden, damit du in deinem Umfeld, deiner Branche und in den Augen deiner Kund:innen nicht in einem negativen Licht erscheinst?

#068 Schlauer Fuchs oder einfacher Igel?

Die Märchen und Fabelwelt ist voller Tiergeschichten, wir kennen »Reinecke Fuchs« von Johann Wolfgang von Goethe, »Fuchs und Igel« von Wilhelm Busch und bei Carlo Collodis »Pinocchio« gibt es den »schlauen Fuchs« im Duett mit dem »räudigen Straßenkater«.

Der englische Philosoph Isaiah Berlin entwickelt in dem Essay »Der Fuchs und der Igel«[30] aus dem Fuchs und dem Igel zwei unterschiedliche Menschentypen. Dabei versucht ein Fuchs immer wieder, einen Igel zu fangen, aber jedes Mal entkommt der Igel, indem er sich zu einer Kugel rollt und seine Stacheln zeigt. Am Ende erkennt der Fuchs, dass er den Igel nicht fangen kann, und gibt auf.

Die Geschichte soll den Lesern eine Lehre über Intelligenz und Weisheit vermitteln. Der Fuchs symbolisiert die Intelligenz, die List und die Täuschung, während der Igel für die Weisheit und Einfachheit steht. Der Igel besiegt den Fuchs durch seine natürliche Verteidigung, nämlich seine Stacheln, und zeigt damit, dass eine einfache und natürliche Lösung oft die beste ist.

Der Essay lehrt uns auch, dass es besser ist, unsere natürlichen Stärken zu nutzen, anstatt uns unnatürlicher Mittel zu bedienen, um ein Ziel zu erreichen. Es ist zielführender, unseren eigenen Fähigkeiten zu vertrauen und unsere eigenen Verteidigungsmechanismen zu nutzen, um uns vor Gefahren zu schützen, als uns auf Tricks und Täuschungen zu verlassen.

»Der Fuchs und der Igel« erinnert uns daran, dass wir oft am erfolgreichsten sind, wenn wir uns auf unsere natürlichen Fähigkeiten verlassen. Und genau das solltest du dir auch beim Storytelling, im Marketing und im Verkauf zu Herzen nehmen.

#069 Damit was hängen bleibt

Es gibt ein Sprichwort, das besagt: »Zweimal erzählt hat die dreifache Wirkung«. Und auch ich glaube sehr an die Wirkung der Wiederholung. Und darum will ich jetzt nochmals die Bedeutung guten Storytellings hervorheben dabei vier Punkte betonen:

- *Punkt 1, Markenbildung:* Storytelling kann maßgeblich zum Markenaufbau und zur Markenpflege beitragen, indem es mit relevanten Storys die beruflichen oder privaten Interessen mit der eigenen Themen- und Produktwelt verbindet. Bei Red Bull hat dies die Marke sicherlich beflügelt, die Website besteht zu knapp 99 Prozent aus Storys und, wenn überhaupt, aus 1 Prozent Product-Placement.
- *Punkt 2, Reputation:* Durch Storytelling kann ein Unternehmen seine Expertise und Kompetenz in einem bestimmten Bereich unter Beweis stellen, was wiederum dazu beiträgt, das Ansehen und die Reputation des Unternehmens zu verbessern und den Expertenstatus aufzubauen und zu festigen.
- *Punkt 3, Kundenbindung:* Indem ein Unternehmen regelmäßig informative, nützliche und unterhaltsame Inhalte veröffentlicht, kann es das Interesse seiner bestehenden Kund:innen aufrechterhalten und die Kundenbindung stärken. Sichtbarkeit und Relevanz sind in einer Welt voller Ablenkungen die entscheidenden Faktoren. Werbung ist sichtbar, jedoch nicht relevant. Storytelling ist sichtbar und relevant.
- *Punkt 4, Suchmaschinenoptimierung:* Wenn ein Unternehmen regelmäßig guten und relevanten Inhalt veröffentlicht, so wird sich dadurch das Ranking bei den Suchmaschinen verbessern. Das trägt dazu bei, dass mehr Traffic auf deine Website kommt, du mehr Anfragen erhältst und deinen Kundenkreis erweiterst. In Zukunft werden Suchmaschinen auch Podcasts und Videos indexieren, weshalb Storytelling auf allen Kanälen massiv an Bedeutung gewinnen wird.

Lies die Punkte nochmals durch – Stichwort Wiederholung! Und nutze die Macht der Wiederholung dann auch für deine Ziele.

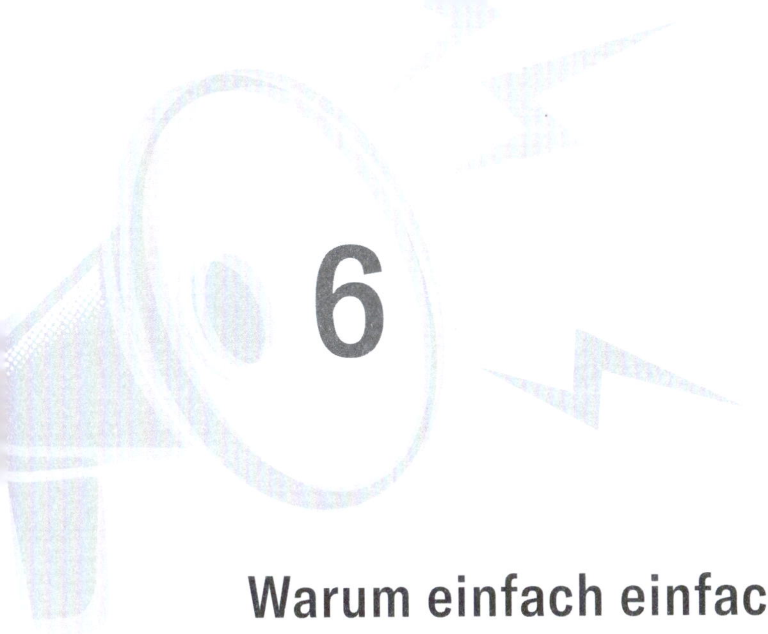

6

Warum einfach einfach einfacher ist

Manche Dinge sind einfacher, als du denkst (andere wiederum komplizierter, aber die wollen wir mal außen vor lassen). Und einiges wird so vereinfacht, dass die Fakten nur mehr vage erkennbar sind. Trotzdem werden viele Storys oft wiederholt und von allen gemerkt – einfach, weil sie einfach sind.

Was lernen wir daraus? Mach nichts komplizierter, als es sowieso schon ist! Drücke dich einfach, klar und wahr aus! Achte auf deinen (guten) Ruf und deine Attraktivität! Und nutze das Phänomen der Kompetenzvermutung – was das heißt, erfährst du jetzt.

#070 Die 21-Tage-Regel

In vielen Lebensratgebern oder auf Seminaren liest und hört man von der 21-Tage-Regel, um Menschen zu ermutigen, sich auf eine Verhaltensänderung zu konzentrieren und durchzuhalten, bis sie eine neue Gewohnheit etabliert haben. Die Idee dahinter ist, dass es Zeit braucht, um neue Verhaltensweisen zu automatisieren und in den Alltag zu integrieren. Wenn du dich also konsequent für 21 Tage an eine neue Gewohnheit hältst, kannst du sie in der Regel auch langfristig beibehalten.

Leider kann ich dir die 21-Tage-Regel für das Storytelling im Business nicht anbieten, denn in Wahrheit dauert es meistens länger als drei Wochen, bis etwas wirklich ausreift und zum Erfolg führt. Denn die Überzeugung, dass sich in 21 Tagen eine alte Gewohnheit ändern und eine neue Gewohnheit aufbauen lässt, verdankt sich einem Missverständnis: Dr. Maxwell Maltz war in den 1950er-Jahren Schönheitschirurg. Er stellte fest, dass Patient:innen nach einer Schönheitsoperation, beispielsweise einer Nasenkorrektur, im Durchschnitt 21 Tage brauchten, um sich an ihr neues Gesicht zu gewöhnen. Dr. Maltz begann, auch sich selbst zu beobachten: Wie lange brauchte er, um sich an Neues zu gewöhnen?[31]

1960 publizierte er »Psycho-Cybernectics« und schrieb dort von mindestens 21 Tagen, die der Mensch benötige, um sich an Veränderungen zu gewöhnen. Ja, genau: MINDESTENS 21 Tage. Und wie die Welt so ist, fiel dieses kleine Wörtchen »mindestens« mit der Zeit unter den Tisch – und so wurde die 21-Tage-Regel geboren. Die ständige Wiederholung und deren Wahrnehmung an verschiedenen Orten und bei unterschiedlichen Gelegenheiten machte aus einer unbedeutenden Erkenntnis eine wissenschaftliche Weisheit.

In den meisten Lebensratgebern – angefangen von »Wie esse ich mehr Gemüse?« bis zu »Wie bekomme ich einen Akquisitionstermin via Telefon?« – wird seitdem munter die 21-Tage-Regel kommuniziert – und sorgt so bei den meisten Menschen für »Misserfolge«.

Mach dich mit dem Gedanken vertraut, dass Storytelling nicht schnellschussartig zum Erfolg führen wird. Meistens ist ein langer Atem notwendig. Storytelling ist Long Term Marketing.

#071 66 Tage sind besser, ist doch logisch!

Für alle jene, die es in 21 Tagen nicht geschafft haben, gibt es die die 66-Tage-Regel. Durch ständige Wiederholung werden Verhaltensweisen zu dauerhaften Routinen. Die britische Forscherin Phillippa Lally hat dies genauer untersucht und ist dabei auf die 66-Tage-Regel[32] gestoßen.

Phillippa Lally vom University College in London gewann für ihre Studie 96 Studierende mit einem Durchschnittsalter von 27 Jahren und stellte ihnen eine Aufgabe: Sie sollten sich eine gesunde Routine aneignen – und ihr an 84 Tagen hintereinander mindestens einmal täglich nachgehen.

Die einen entschieden sich für einen 15-minütigen Spaziergang vor dem Abendessen, die anderen wollten immer mittags ein Stück Obst essen, wieder andere nahmen sich vor, jeden Morgen 50 Sit-ups zu machen. Auf einer Website sollten sie die Fortschritte täglich festhalten und angeben, ob sie der neuen Angewohnheit schon nachgingen, ohne darüber nachzudenken. Immerhin 82 Teilnehmende hielten bis zum Ende durch.

Als Lally die Ergebnisse auswertete, stellte sie fest: Im Schnitt dauerte es 66 Tage, bis die Teilnehmer:innen die neue Aufgabe automatisch ausübten. Ein Tag Pause warf sie nicht entscheidend zurück – gönnten sie sich jedoch häufiger eine Auszeit, wirkte sich das negativ auf den Automatismus aus. Soweit die Basis für die 66-Tage-Regel.

Menschen suchen nach Orientierung und Führung, und genau aus diesem Grund sind Studien oder Regeln sehr wichtig. Vielfach verstärkt eine externe Quelle das Gesagte, gibt einer Story mehr Relevanz und motiviert die Menschen, der Aussage einer Story und dem jeweiligen Storyteller zu vertrauen – also dir!

Nur wenn du das Vertrauen gewinnst, holst du auch den Auftrag.

#072 Jeden Tag 10.000 Schritte

Sicher kennst du die Empfehlung, täglich 10.000 Schritte zu gehen. Dies soll unsere Gesundheit verbessern, präventiv wirken und letztlich zu einem längeren Leben verhelfen. In unzähligen Magazinen und Artikeln findet man diesen Ratschlag für ein gesundes Leben. Man möchte glauben, dass dieser Empfehlung entsprechende Untersuchungen und Forschungen vorausgegangen sind, doch nein, diese magischen 10.000 Schritte entspringen anscheinend einer Werbekampagne einer japanischen Firma aus dem Jahre 1964[33].

Denn in diesem Jahr bringt das Unternehmen YASAMA den ersten Schrittzähler auf den Markt, das Gerät nennt sich Manpokei und heißt in der Übersetzung 10.000-Schritte-Zähler. Der Name war dem Umstand geschuldet, dass in den Sechzigerjahren die Herstellung eines Displays sehr teuer war und deshalb die Anzeige nur bis 9.999 ging, einen Schritt danach hatte man also die 10.000 Schritte erreicht. Die Herstellerfirma warb damit, dass diese Anzahl der Schritte gesund sei und zu einem guten und langen Leben beitragen könne.

Viele Menschen haben diese Empfehlung übernommen, denn wenn etwas offenbar der Gesundheit der Menschen dient (was uns allen logisch erscheint), dann brauchen die Menschen keinen wissenschaftlichen Beweis, um daran zu glauben. Und natürlich ist es in der Regel gut, wenn man Menschen allein mit Worten zu mehr Bewegung animieren und motivieren kann. Übrigens zeigt dies einmal mehr die Wirkungsmacht einer Story ...

Menschen dazu zu bewegen, dein Angebot und deine Produkte zu kaufen, bedeutet auch, diese Menschen zu motivieren und zu animieren, dieses Angebot JETZT und HEUTE zu nutzen. Finde also heraus, was deine Kund:innen erreichen wollen: Was ist ihr Ziel? Welche Belohnung (die du in Aussicht stellst) spricht deine Kund:innen an? Welche soziale Interaktion erwarten sie sich, nachdem sie gekauft haben?

Solange du nicht die Motive deiner Kund:innen kennst, kannst du auch keine motivierenden, animierenden Geschichten kreieren. Was ist das Motiv, das deinen Kundenkreis antreibt?

#073 Gedrucktes kann man nicht einfach »löschen«

Es ist sicherlich zehn oder noch mehr Jahre her, dass ich auf einem Marketingkongress folgenden Satz gehört habe: »Die Plattform Papier wird unterschätzt – digitale Plattformen werden überschätzt.« Der Satz stammte übrigens aus dem Mund eines Managers aus einem Verlagshaus, darum verwundert der Inhalt dieser Aussage nicht.

Laut Statista, der deutschen Online-Plattform für Statistik, haben sich die Auflagen der Tageszeitungen in Deutschland von täglich 27,3 Millionen Stück im Jahre 1991 auf täglich 14,6 Millionen Stück im Jahre 2022 reduziert – sprich: fast halbiert! Eine Tatsache, die der nach wie vor riesigen Printmedienbranche jede Menge Kopfzerbrechen bereitet. Weniger Auflage, sinkende Leserzahlen, weniger Anzeigen, geringere Einnahmen auf beiden Seiten – diese Dynamik ergibt einen unheilvollen Kreislauf. Ich selbst habe 1999 bei einem Magazin-Verlag zu arbeiten begonnen und den Wandel hin zu digitalen Plattformen und Newsportalen hautnah miterlebt. Dennoch bin ich davon überzeugt, dass analoge Kanäle für deine Botschaften und deine Storys sehr wichtig sein können! Warum? Ist das nicht alles Schnee von gestern? Ich glaube nicht.

Vertrauen wird gedruckt

In der Businesswelt ist es immer noch enorm bedeutsam, wenn ein Interview von dir in der FAZ erscheint, wenn du als Expert:in im Spiegel genannt wirst oder wenn ein Gastartikel von dir in der Welt am Sonntag veröffentlicht wird. Es müssen gar nicht einmal die großen prestigeträchtigen Zeitungen oder Magazine sein: Wenn dein Business im Umkreis von 50 Kilometern stattfindet, dann sind sicherlich auch die Regionalmedien sehr wichtige Multiplikatoren.

Wusstest du, dass gedruckte Magazine und Zeitungen die meistzitierten Medien sind? Das heißt: Andere vertrauen auf die Aussagen in diesen Druckwerken, sie vertrauen auf deren Wahrheitsgehalt. Letztendlich glauben die meisten Menschen immer noch an die journalistische Sorgfalt (trotz Donald Trump und der Fake-News-Diskussion). Gedruckte Medien werden also als überaus glaubwürdig wahrgenommen. Und darum verbreiten die Menschen, was sie dort vorfinden, mit gutem Gewissen. Wieso eigentlich?

Gedrucktes kann man nicht einfach »löschen« oder im Nachhinein ohne Wissen der Benutzer:innen verändern, so, wie es mit einer Internetseite möglich ist. Online kann man sehr rasch Fakten, Aussagen und Inhalte verändern, und das jederzeit (wie wir wissen, »vergisst« das Internet trotzdem nicht, aber das steht wieder auf einem anderen Blatt). Aber einmal gedruckt, sind die Informationen und Inhalte »für die Ewigkeit«. Dieser Wert verschafft der Printbranche eine enorme Glaubwürdigkeit und führt natürlich auch zu einer riesigen Verantwortung gegenüber der Leserschaft.

Menschen geben für Inhalte von Magazinen, Zeitungen und Büchern das Zigfache mehr an Geld aus, als sie das für digitalen Content tun.

Ist das wahr oder sind das Fake News?

»Was in der Zeitung steht, ist wahr« – dieser Spruch gilt immer noch. Denn es sind meistens gut ausgebildete Redakteur:innen, die die Storys filtern und für gut bewerten, oder auch nicht. Sie haben große Verlagshäuser im Hintergrund, die sich ihrer journalistischen Verantwortung zumeist bewusst sind. Im digitalen Raum können ganz einfach alle zum »Selfpublisher« werden, ohne je ein Wort über Journalismus an sich und über journalistische Sorgfalt oder Ethik gelesen zu haben, geschweige denn darüber nachgedacht oder ethische Prinzipien schreibend umgesetzt zu haben. Das heißt noch nicht, dass sie die Unwahrheit schreiben. Aber das größere Vertrauen sollte den etablierten Verlagshäusern entgegengebracht werden.

Achte auf relevante Kanäle. Und bedenke, dass den gedruckten Medien in der Regel immer noch vertraut werden kann.

#074 Reputation ist ein Verb

Mit »Reputation« ist das Ansehen einer Person oder umgangssprachlich deren guter Ruf gemeint. Klar ist, dass Reputation ein Substantiv ist, doch die oftmals verwendete Redewendung »Reputation ist ein Verb« soll veranschaulichen, dass man sich den guten Ruf erarbeiten und – viel wichtiger noch – ihn darüber hinaus ständig weiterzuentwickeln muss.

Es gibt unzählige Unternehmen und auch Menschen im Verkauf, die in ihrer Kommunikation damit werben, dass sie über 20, 30 oder noch mehr Jahre an Branchenerfahrung besitzen. Doch oftmals stelle ich fest, dass sie in Wahrheit über deutlich weniger Erfahrung verfügen, manchmal nur über ein oder zwei Jahre.

Reputation wird heute nur noch in Verbindung mit Innovation und guter Kommunikation funktionieren, denn der Ausdruck »Der Ruf eilt dem Unternehmen voraus« beinhaltet schon, dass es über das Unternehmen eine Menge positiver Geschichten gibt. Wäre die Mundpropaganda im klassischen Sinne immer noch so wirkungsvoll wie vor zehn oder zwanzig Jahren, würden viele den Marketingtrends gar nicht erst hinterherhecheln. Die neue Mundpropaganda hat sich ins Social-Media-Universum verlagert. Influencer:innen sind die Marktschreier von früher, wobei bei einigen das Wort Schreier mehr als passend ist.

Wann immer du eine Story entwickelst, solltest du auch an deine Reputation denken, an deinen guten Ruf. Zahlt die Geschichte auf deinen guten Ruf ein oder rutschst du damit ins Soll?

Ein jüdisches Sprichwort sagt: »Ein guter Ruf geht weit, ein schlechter noch viel weiter.« Das Ziel im Storytelling ist mehr Aufmerksamkeit, mehr Reichweite und mehr Relevanz. Doch wesentlich ist der gute Ruf, der dich dabei begleitet und dir bestenfalls vorauseilt.

Welche drei Wörter beschreiben deine Reputation und deinen guten Ruf?

#075 Weil es wirkt, wie es wirkt

Einer meiner Brüder ist Fleischermeister und leitete einst einen großen Schlachthof. Aufgrund der Hygienebestimmungen hat er die Produktions- und Verarbeitungsstätte immer nur in weißer Berufsbekleidung betreten. Eines Tages kam es zu einem kleinen, zum Glück nicht weiter tragischen Arbeitsunfall, trotzdem musste er die Notaufnahme der Unfallklinik aufsuchen.

Mein Bruder ist mit einer Größe von über 1,90 Meter eine stattliche Erscheinung. Gekleidet in weißer Hose und weißem Mantel, wurde er in der Klinik von zwei, drei Personen als Arzt angesehen und auch entsprechend angesprochen. Für ihn war das eine nette Geschichte, die er immer wieder mal gern erzählt. Für mich ist es auch eine Geschichte, die den Halo-Effekt oder den Umstand der Kompetenzvermutung belegt. Die Kompetenzvermutung bezieht sich auf eine kognitive Verzerrung, bei der wir davon ausgehen, dass eine Person, die in einer bestimmten Sache gut ist, auch in anderen Bereichen kompetent sein wird. Mit anderen Worten, die Kompetenzvermutung tritt auf, wenn wir eine spezifische Leistung oder Kompetenz einer Person auf ihre Gesamtkompetenz übertragen.

Wenn wir eine Person als sehr attraktiv empfinden, neigen wir dazu, sie freundlicher, intelligenter und zuverlässiger zu betrachten, als wenn wir sie weniger attraktiv empfinden. In ähnlicher Weise neigen wir dazu, Menschen, die uns in einer Sache beeindrucken, als allgemein kompetenter zu betrachten, als wenn wir ihre Fähigkeiten in diesem Bereich nicht kennen würden.

In Österreich hatten wir mit Niki Lauda eine Person, die auf zwei Gebieten kompetent und weltmeisterlich war, nämlich als Rennfahrer und als Airliner. Doch gefühlt wurde Niki Lauda von den Medien beinahe wöchentlich auch zu Themen befragt, die vollkommen abseits seiner Kompetenzen lagen.

Wie kannst du deine eigene Kompetenzvermutung steigern?

#076 Wirkungskompetenz überholt Sachkompetenz

Immer wieder ist zu lesen, dass über 90 Prozent der zwischenmenschlichen Kommunikation auf der nonverbalen Ebene verlaufen. Nonverbale Kommunikation umfasst alle Arten von Informationen, die ohne Worte übermittelt werden, etwa Gesten, Mimik, Haltung, Augenkontakt, Berührung, Distanz, Gerüche, Tonhöhe, Lautstärke, Sprechgeschwindigkeit, Betonung, Stimmung, Kleidung, Frisur, Schmuck, Make-up, Raumeinrichtung, Beleuchtung, Raumtemperatur, Farben.

Wenn aber unsere Kommunikation zu einem Großteil von diesen Faktoren abhängt: Wozu braucht es dann Zahlen, Daten und Fakten? Entscheidungen werden vorwiegend auf der Gefühlsebene getroffen, Zahlen und Fakten helfen uns nur noch dabei, dies auch noch rational zu rechtfertigen.

Zahlen, Daten und Fakten sind oft objektiver als nonverbale Signale, die subjektiver interpretiert werden können. Insbesondere in wissenschaftlichen oder geschäftlichen Kontexten ist es wichtig, dass Informationen objektiv und verlässlich sind. Sie liefern eine klare und präzise Botschaft und können die Wirksamkeit von Produkten nochmals deutlich unterstreichen.

Doch wie bereits beschrieben, ist es wichtig, wie du mit Informationen, Zahlen und Fakten umgehst. Du erinnerst dich gewiss an Story 12 und an Jerome Bruner, der sagte, dass Zahlen und Fakten, in einer guten Story verpackt, bis zu 22mal besser wahrgenommen und behalten werden.

Und im Übrigen: Wir alle kennen in unserem Umfeld genügend Menschen, egal, ob beruflich oder privat, bei denen wir schon lange wissen, dass ihre Wirkungskompetenz um einiges höher ist als deren Sachkompetenz. Oft verhält es sich aber auch umgekehrt.

Darum solltest du stets die Zahlen und Fakten kennen UND die Menschen mögen UND mit ihnen richtig kommunizieren können, auch und vor allem in der Interaktion mit deinen Kund:innen.

#077 Die rosarote Brille

Du kennst sicherlich jene Menschen, bei denen der Tag schon mit Problemen beginnt und jeder Tag auch mit Problemen endet. Dann gibt es die andere Gruppe der Menschen, bei denen immer alles easy ist. Nicht, weil sie immer die vielzitierte rosarote Brille tragen, sondern weil sie wissen, dass eine positive Sprache positive Realitäten schafft.

Die Kommunikation nach außen hängt wesentlich von dem ab, wie du mit dir selbst sprichst und umgehst. Und auch die Kommunikation mit deinen Kund:innen hängt davon ab, wie du mit dir und deiner näheren Umgebung kommunizierst.

Die Politik ist in der positiven Darstellung der Realitäten wahrlich meisterhaft und verkauft uns oft eine heile Welt:

- »Minuswachstum«: wird verwendet, um uns eine Stagnation oder Rezession positiv zu verkaufen.
- »Strukturreform«: wird verwendet, um Einsparungen oder Kürzungen im Budget oder in der öffentlichen Verwaltung positiv darzustellen.
- »Flexibilisierung«: wird verwendet, um Arbeitsmarktreformen oder Änderungen im Sozialsystem zu rechtfertigen.
- »Effizienzsteigerung«: wird verwendet, um Kosteneinsparungen oder Einsparungen im öffentlichen Sektor zu rechtfertigen.
- »Modernisierung«: wird verwendet, um Veränderungen in der Wirtschaft oder im Bildungssystem zu beschreiben.

Sicherlich: So weit solltest du nicht gehen, aber doch den folgenden Tipp beherzigen:

Überprüfe deine Website, deine Social-Media-Werbung, deine Gespräche, kurz: deine Kommunikation insgesamt, ob du stets positive und wertschätzende Formulierungen verwendest.

#078 Der Tag ist schön

Wenn man sich mit Kundenverhalten beschäftigt, stößt man unweigerlich auf die positive Psychologie, die sich im Gegensatz zur traditionellen defizitorientieren Psychologie darauf konzentriert, jene Faktoren zu identifizieren, die dazu beitragen, dass Menschen glücklicher, erfolgreicher und erfüllter leben. Im Verkauf und in der Werbung kann die positive Psychologie genutzt werden, um die Beziehung von Unternehmen und Verkäufer:innen zu ihren Kund:innen zu verbessern und den Erfolg zu steigern. Dafür gibt es einige anschauliche Beispiele:

- *Coca-Cola: Die »Share a Coke«-Kampagne verwendet personalisierte Flaschen mit aufgedruckten Namen. Diese Kampagne vermittelt die Botschaft, dass das Teilen einer Flasche Coca-Cola eine positive Erfahrung schaffen und Menschen verbinden kann.*
- *Apple: Das Unternehmen legt den Schwerpunkt auf Kreativität und Selbstverwirklichung. Die »Think Different«-Kampagne vermittelt die Botschaft, dass Kreativität und Originalität wertvoll sind, und dass jede:r die Fähigkeit hat, etwas Besonderes zu schaffen.*
- *Nike: Die Werbekampagnen betonen oft die Idee der persönlichen Leistung und des Erfolgs. Zum Beispiel vermittelt die »Just do It«-Kampagne, dass man durch Hartnäckigkeit und Entschlossenheit seine Ziele erreichen kann.*
- *Dove: Die »Real Beauty«-Kampagne zielt darauf ab, das Selbstbewusstsein von Frauen zu stärken, indem sie Schönheit in verschiedenen Formen feiert. Die Botschaft: Schönheit hängt nicht von äußeren Merkmalen ab, sondern von der individuellen Persönlichkeit und Einstellung.*
- *Google: In der »Year in Search«-Kampagne von Google werden die positiven Ereignisse und Geschichten des vergangenen Jahres hervorgehoben. Botschaft: Trotz allem Negativen in der Welt gibt es viele positive Ereignisse, die es wert sind, gefeiert und in Erinnerung behalten zu werden.*

Nutze alle Möglichkeiten, um die Beziehung zu deinen Kund:innen positiver zu gestalten und ihnen zu einem glücklicheren und erfüllteren Leben zu verhelfen.

#079 Der Sonne entgegen

Ich erinnere mich an eine Fernsehserie in den Achtzigerjahren mit dem Titel »Der Sonne entgegen«, es ging um vier frustrierte Aussteiger auf der kroatischen Insel Cres im Fischerdorf Valun. Zunächst genossen sie das Nichtstun, doch bald begannen sie, gemeinsam ein altes Schiff wieder flott zu machen, um damit Geld zu verdienen. Das gemeinsame Projekt ließ alle förmlich in der Sonne erblühen, der Frust, der sie nach Valun gebracht hatte, war verflogen.

In der Natur nennt sich das Heliotropismus (von altgr. *hélios* »Sonne« und *tropé* »Wendung«, zu Deutsch »Hinwendung zur Sonne«): die Eigenschaft von Pflanzen und Tieren, Wachstum und Bewegung nach der Sonne auszurichten, oder dass sich jeder biologische und soziale Organismus hin zum Licht und weg von der Dunkelheit und vom Schatten bewegt.

Im Business kann der heliotropische Effekt dazu genutzt werden, um die Motivation und Leistungsbereitschaft im Team zu steigern. Wenn Unternehmen positive und erfolgreiche Menschen einstellen und fördern, ziehen sie automatisch weitere positive und erfolgreiche Menschen an. Diese tragen dann wiederum dazu bei, dass das Unternehmen erfolgreiche Projekte durchführt und seine Ziele erreicht.

Darüber hinaus kann der heliotropische Effekt auch bei der Kundenakquise genutzt werden. Wenn ein Unternehmen eine positive Reputation aufbaut und erfolgreich ist, zieht es automatisch weitere Kund:innen an, die von den Erfolgen des Unternehmens angezogen werden. Dies kann auch das Markenimage verbessern und das Vertrauen in das Unternehmen stärken.

Ein Gastgarten eines Cafés oder eines Restaurants, dessen Tische und Stühle in der Sonne stehen, zieht mehr Gäste an als ein Gastgarten, der sich im Schatten befindet. Geöffnete Sonnenschirme wirken wie strahlende Blüten in der Sonne: Sie ziehen Gäste an wie die Blumen die Bienen.

Was bedeutet das südafrikanische Sprichwort »Wende dein Gesicht der Sonne zu, dann fallen die Schatten hinter dich« für dich und dein Business?

#080 Die Blumenwiese

Es sind die Bilder riesiger Blumenwiesen oder Lavendelfelder, die uns in eine ruhige und angenehme Stimmung versetzen. Bilder von einem mickrigen Grünstreifen zwischen Autobahnfahrstreifen, auf denen nur einige wenige robuste Blumen wachsen, erwecken gegenteilige Gefühle in uns. Genau aus diesem Grund schaffen wir Wohlfühloasen für unsere Kund:innen und Gäste, um diese in eine angenehme Stimmung und Kauflaune zu versetzen. Gelingen kann das nur, wenn du auch das Team in die Oase mit hineinnimmst – wie das die folgenden Unternehmen tun:

- Starbucks setzt hier auf die Idee des »dritten Ortes«: Das ist ein Ort zwischen dem Zuhause und der Arbeit, an dem Gäste sich entspannen und erholen können. Das Unternehmen legt Wert auf die Schulung seines Teams in Bezug auf Freundlichkeit und Kundenservice, um eine positive und einladende Atmosphäre in den Filialen zu schaffen.
- Southwest Airlines setzt auf eine positive und lustige Atmosphäre, um die Mitarbeiterzufriedenheit zu steigern. Alle im Team werden ermutigt, ihre Persönlichkeit in ihre Arbeit einzubringen, um Kund:innen zu unterhalten und eine angenehme Reiseerfahrung zu schaffen.
- Der Onlineschuhhändler Zappos setzt auf eine positive und freundliche Arbeitsumgebung. Neue Mitarbeiter:innen werden während ihrer ersten Wochen auf eine »Kulturkampagne« geschickt, in der sie die Werte des Unternehmens kennenlernen und mit anderen Mitarbeitern zusammenarbeiten können. Außerdem gibt es bei Zappos eine »Happiness Hotline«, die dem gesamten Team zur Verfügung steht, wenn sie Unterstützung benötigen.
- Patagonia, ein Outdoor-Bekleidungsunternehmen, setzt auf nachhaltige und ethische Geschäftspraktiken. Das Unternehmen ist aktiv im Umweltschutz tätig und spendet 1 Prozent des Umsatzes für gemeinnützige Zwecke.

Ist dein Team – bist du selbst – motiviert? Das kann weit mehr zum Unternehmenserfolg beitragen als teure Werbekampagnen für Neukunden.

#081 Freude gewinnen, Schmerz vermeiden

Manche Menschen kaufen Zahnpasta, um ein strahlend weißes Lächeln zu erhalten oder zu behalten, andere verwenden Zahnpasta, um Karies und Zahnschmerzen zu vermeiden. Jeder Mensch ist anders, trotzdem lassen sich Menschen- und Verhaltenstypen unterschieden. Auch die schon genannten Meta-Programme untergliedern die Menschen in Typen. In der Psychologie spricht man zum Beispiel vom Promotionsfokus und vom Präventionsfokus. Was heißt das?

- Der *Promotionsfokus* ist ein psychologisches Konzept, das sich auf die Orientierung einer Person hin zur Erreichung von Gewinnen und positiven Ergebnissen konzentriert. Er bezieht sich auf die Tendenz einer Person, sich auf die potenziellen Gewinne zu konzentrieren, die durch eine bestimmte Handlung oder Entscheidung erzielt werden können.
- Im Gegensatz dazu bezieht sich *Präventionsfokus* auf die Orientierung einer Person, um Verluste zu vermeiden.

Tendenziell werden mehr Handlungen gesetzt, um Schmerz zu vermeiden als um Freude zu gewinnen. Im Storytelling und im Verkauf ist es jedoch wichtig, beide Seiten zu bedienen, je nach Branche mal mehr, mal weniger.

Versicherungen arbeiten ausschließlich mit dem Präventionsfokus und stellen den Kund:innen eine Absicherung für den Fall in Aussicht, dass etwas Schmerzhaftes passiert. Als Boss eines Fitnesscenters bedienst du allerdings beide Gruppen: jene, die sich über einen fitten und muskulösen Körper freuen, und andererseits jene, die wissen, dass sie ohne Bewegung eine schmerzvolle Zukunft vor sich haben.

In der Kommunikation, im Storytelling, in der Werbung und im persönlichen Verkaufsgespräch müssen diese Motive getrennt voneinander angesprochen werden, um den bestmöglichen Effekt erreichen zu können.

Analysiere für dein Produkt und für dein Angebot den entscheidenden Kund:innenfokus. Erreichst du deine Kund:innen besser, indem du ihnen versprichst, ihr Glücksgefühl zu steigern? Oder indem du ihnen zusicherst, dass sie durch einen Kauf bei dir in der Zukunft Schmerzen vermeiden?

#082 Freude bereiten

Geschenke an sich sind ein gutes Beispiel, um zu testen, wie man selbst tickt, mit welchem Produkt man selbst eine Freude hat und wie dieses für dich beworben werden müsste, damit du es kaufst. Doch Vorsicht, nur weil du dich darüber freust, bedeutet das nicht, dass andere die gleiche Freude damit hätten. Mode und Schmuck sind die besten Beispiele dafür – sie zeigen, dass für den einen chic und elegant sein kann, was für andere beinahe schmerzhaft ist.

Wenn dein Produkt in den in #Story 81 beschriebenen Promotionsfokus fällt, dann achte auf folgende Punkte:

- *Betone die Vorteile:* Werbung sollte die Vorteile des Produkts oder der Dienstleistung hervorheben und zeigen, wie schön das Leben mit dem neuen Produkt sein kann. Training im Fitnessstudio bringt den ersehnten Sixpack.
- *Verwende positive Bilder und Szenen, um den Promotionsfokus zu verstärken.* Zeig in der Autowerbung für einen Van eine glückliche Familie, die entspannt in den Urlaub fährt, da alle Spielzeuge und Sportgeräte für den Strand im Auto Platz finden.

Die Kosmetikindustrie zielt mit emotionaler Ansprache auf die Verstärkung des Promotionsfokus ab. Oftmals wird betont, dass das Gefühl von Schönheit das Selbstbild und das Selbstvertrauen unterstützt. Auch Aktionen, bei denen mit Anreizen und Belohnungen gearbeitet wird, verstärken den Promotionsfokus. Wettanbieter organisieren diesen Prozess mit einem ersten Wettgutschein, Mobilfunkanbieter mit Gratisminuten oder einem Plus an Datenvolumen.

Kommunikation hat zwar immer einen auch manipulativen Aspekt, der aber oft auch auf einer unbewussten Ebene abläuft. Achte darauf, dass deine Kommunikation nicht irreführend oder stark manipulativ ist. Nur so kannst du eine wertschätzende Beziehung mit den Kund:innen aufbauen.

#083 Nur nicht(s) verlieren

Es gibt immer wieder Dinge, die wir tun, weil wir sie tun müssen oder weil »man« es so macht. Dabei geht es oft auch darum, die gesellschaftlichen Erwartungen zu erfüllen und jenen Ärger zu vermeiden, der uns durch Nichtstun drohen würde. Durch eine bestimmte Handlung oder Entscheidung sollen negative Folgen oder ein möglicher Verlust verhindert werden.

Seit der Frühzeit der Menschheit haben unsere Vorfahren gelernt, dass Sicherheit essenziell ist, um zu überleben. In einer unsicheren Umgebung besteht ein höheres Risiko, verletzt oder getötet zu werden, wodurch das Überleben gefährdet werden kann. Deshalb haben wir im Laufe der Zeit instinktiv eine starke Neigung zur Prävention entwickelt. Dieses Wissen nutzen viele Werbe- und Kommunikationsstrategien geschickt, um Produkte zu verkaufen oder, in der Politik, Wählerstimmen zu gewinnen.

In der Politikkommunikation sehen wir, dass Linksparteien oft davon sprechen, eine gerechtere Gesellschaft zu ermöglichen, während Rechtsparteien eher die Ungerechtigkeiten, deren Folgen und die »Schmerzen« für die Bevölkerung thematisieren.

Um die Aufmerksamkeit deiner Kund:innen auf die potenziellen Verluste zu lenken, die nur dadurch vermieden werden können, indem sie dein Angebot nutzen, solltest du folgende Tipps beachten:

- Die Kommunikation sollte auf die Risiken abzielen, die mit dem Nicht-Nutzen des Produkts oder der Dienstleistung verbunden sind. Werbung für eine Alarmanlage oder ein Sicherheitssystem zum Beispiel kann mit dunklen Bildern und vermummten Personen arbeiten, um so die Risiken von Einbrüchen oder Überfällen anschaulich zu visualisieren.
- Durch das Hochrechnen von Verlusten auf eine große Zahl lässt sich der Präventionsfokus deutlich verstärken. Ein Beispiel: »Wenn es um die Pensionsvorsorge geht, dann kann Ihnen im Alter von 65 bis 90 Jahren durch Nichtstun ein Fehlbetrag von über 200.000 Euro entstehen.«

Kommuniziere Verluste plakativ – durchaus auch mithilfe negativer Bilder, großer negativer Zahlen und negativer Geschichten. Wichtig ist, dabei stets den Nutzen der Kund:innen in den Fokus zu rücken. Die Betonung möglicher negativer Entwicklungen steht stets im Dienst des Kundennutzens.

#084 Gutes gegen Neues tauschen

Viele Jahre kannten wir das Phänomen, dass jährlich unzählige Menschen vor den Apple Stores genächtigt haben, weil am kommenden Tag das neue iPhone verfügbar war. Jene, die damals sehnsüchtig darauf gewartet haben, machen das aktuell sicherlich in anderer Form bei anderen Produkten, denn wahrscheinlich leiden sie unter »Neomanie« – so bezeichnet man den Drang, immer etwas Neues besitzen oder ausprobieren zu wollen. Die Tendenz, Gutes gegen Neues einzutauschen, kann verschiedene Gründe haben:

- *Der Wunsch nach Abwechslung und Erneuerung:* Menschen suchen oft nach neuen Erfahrungen und wollen Abwechslung in ihrem Leben.
- *Der soziale Druck:* In einigen Kreisen ist es wichtig, immer das Neueste zu besitzen, um mit anderen »mithalten« zu können.
- *Der Einfluss von Marketing und Werbung:* Werbung und Marketing versuchen oft den Eindruck zu erwecken, dass das neueste Produkt besser ist als das vorhergehende.
- Die Neigung zu Neomanie kann im Storytelling und im Verkauf wie folgt von dir genutzt werden:
- *Betone die Features des neuen Produkts:* Was kann das neue Produkt besser im Vergleich zum alten Produkt? Was ist dabei die Weltneuheit und findet sich auch nicht beim Mitbewerb?
- *Arbeite mit Visualisierungen:* Visualisiere mit Bildern, wie gut das neue Produkt am Körper, in der Hand oder bei Autos am Parkplatz aussieht.
- *Schaffe Dringlichkeit:* Betone, dass es nur eine begrenzte Verfügbarkeit (Limited Edition) oder eine zeitliche Begrenzung gibt.

Wie kannst du den Drang der Menschen nutzen, immer etwas Neues besitzen oder ausprobieren zu wollen, ohne sie zu übervorteilen?

#085 Kundentypen: von negativ bis anspruchsvoll

Das Schöne am Kundenkontakt und im persönlichen Gespräch ist, dass du dich, wenn du gut beobachtest, angemessen auf das Gegenüber einstellen kannst. Wenn du weißt, mit wem du zu tun hast, kannst du ihm oder ihr geben, was sie oder er will – dazu will ich dir Beispiele geben:

- *Der oder die Negative:* Draußen ist bestes Wetter, auch in den Nachrichten geht die Welt nicht unter, die Wirtschaft brummt und sogar die Politik hält sich mit entbehrlichen Wortmeldungen zurück. Dennoch ist für diesen Kundentyp alles negativ, und es fallen Sätze wie: »Das bring doch nichts« oder »Wer braucht den sowas«. Am Ende des anstrengenden Gesprächs sagt dieser Kundentyp dann oft: »Ich melde mich bei Ihnen« – was er nie tut. Dieser Mensch will keine Veränderungen, sie sind für ihn zu mühsam. Er will, dass alles so bleibt, wie es ist. Mein Tipp: Investiere deine Zeit lieber in entschiedene oder anspruchsvolle Kundentypen.
- *Der oder die Entschiedene:* Diese Kund:innen haben oft innerlich schon gekauft, sie haben die Kaufentscheidung vorab getroffen und wollen sich nur noch eine Bestätigung abholen: Sie wollen zum Beispiel wissen, ob die menschliche Umgebung des Unternehmens passt, der Preis ist meist keine Barriere mehr, da die Entscheidung schon zuvor getroffen wurde. Achtung: Hier kannst du den Kauf nur noch zerreden!
- *Der oder die Anspruchsvolle:* Diese Person kennt sich in der Branche gut aus und gehört zu den Spezialisten. Sie ist gebildet und belesen, auf den Termin gut vorbereitet – und erwartet dies auch von dir. Du musst darum mit einem guten Maß an Fachwissen brillieren und dieses Wissen gekonnt einsetzen. Dieser Kundentyp weiß, was er will, er verfügt über das nötige Geld und gibt es für Qualität auch gerne aus – jedoch nur, wenn er überzeugt ist. Das

Gespräch mit ihm verläuft sachlich und in einer sehr angenehmen Atmosphäre, man schätzt das gegenseitige Interesse und die fachliche Kompetenz auf beiden Seiten. Der Preis wird meist erst am Ende des Gesprächs thematisiert, denn diesem Menschentyp sind der Nutzen und das Verstehen des Produktes viel wichtiger als der Preis.

Zu welchem Kunden- und Menschentyp gehörst du? Wie willst du angesprochen werden? Nutze diese Erkenntnisse für deine Gespräche mit diesem Kundentypus.

#086 Interessentenfreundlich, aber kundenfeindlich

Wer noch nicht gekauft hat, ist Interessent:in. Entweder interessiert sich die Person für dein Angebot oder du interessierst dich für sie und willst sie als Kund:in gewinnen. Wer gekauft hat, ist Kund:in.

Du kennst das: Als Interessent:in präsentiert man dir tolle Geschenke und Angebote: »Wenn du heute noch Kund:in wirst, dann …« Du sollst rechts unten unterschreiben oder mit ein, zwei Klicks den Vertrag oder, sanfter ausgedrückt, die Kooperation abschließen. Es werden persönliche oder telefonische Verkaufsgespräche geführt, du kaufst, weil Sympathie vorhanden ist, weil es gerade einen Bonus oder ein Abo-Geschenk dazu gibt – und weil man dir sagt: »Wir sind immer für Sie da!«

»Immer für Sie da«: Was bedeutet das, sobald Sie Kund:in sind? Oft meldet sich dann nur das anonyme Call-Center, der E-Mail-Support, der Chat-Bot – viele Kanäle, aber keine Menschen. Der Kundenkontakt ist standardmäßig automatisiert, du weißt nicht, ob du in der Warteschleife der Airline, der Versicherung oder des Mobilfunkanbieters hängst. Jede E-Mail, jeder Brief, jede Info – alles sieht gleich oder ähnlich aus. Du bist vom heiß umworbenen Interessentenstatus in den kalt stehen gelassenen Kundenstatus übergegangen. Das ist die Art, wie du als Kund:in immer öfter behandelt wirst.

Wie behandelst du deine Kund:innen? Nehmen wir das Beispiel »Zahlungserinnerung«. Die meisten Unternehmen versenden sie in dieser Form:

»Mahnung
Sehr geehrte/r Frau/Herr xxx,
auf die Rechnung mit der Nummer xxxxx konnten wir bislang keinen passenden Zahlungseingang feststellen. Wir bitten, die Zahlung schnellstmöglich, spätestens jedoch bis zum [Datum] nachzuholen …«

Es geht aber auch anders, nämlich viel sympathischer:
»Sehr geehrte …
eine Zahlungserinnerung soll kurz, freundlich und erfolgreich sein.
Dieser Brief ist kurz, in freundlicher Gesinnung geschrieben und nun hoffen wir auf Erfolg – danke.«

Probiere eine sympathischere Form der Zahlungserinnerung aus. Wie fällt das Feedback aufseiten der Kund:innen aus?

#087 Einfach nett und sympathisch

Immer wieder begegnen uns Menschen, die uns bereits nach kurzer Zeit des Kennenlernens viel von sich erzählen und uns auch sehr private Einblicke gestatten, weil sie sehr schnell Vertrauen zu uns gefasst haben. Wir sprechen dann von Vertrauensneigung – der Begriff bezieht sich auf die Tendenz einer Person, anderen Menschen zu vertrauen, ohne dass sie sich durch objektive Beweise davon überzeugen lassen müssen. Menschen mit einer hohen Vertrauensneigung sind bereit, anderen Menschen zu vertrauen, auch wenn sie sie nicht gut kennen und sie noch nicht viel über deren Absichten wissen.

Im Business bedeutet das: Je schneller die Interessenten in das Unternehmen oder in dich als Verkäufer:in Vertrauen gefasst haben, desto schneller wirst du durch diesen Vertrauensvorschuss dein Gegenüber überzeugen und einen neuen Kunden gewinnen können. Genau aus diesem Grund gibt es auf den allermeisten eCommerce-Plattformen Bewertungen und Rezensionen: So sollen die Vertrauensneigung gesteigert und die Entscheidungsfindung beschleunigt werden – sodass es schließlich zum Abschluss kommt.

Die wirksamsten Instrumente, um die Vertrauensneigung zu fördern, sind zum einen Transparenz und Ehrlichkeit und zum anderen natürlich eine offene Kommunikation nach außen. Je öfter deine potenziellen neuen

Kund:innen von dir gehört, gelesen oder gesehen haben, desto größer das Vertrauen, und desto eher kann auch schon eine »Vorab-Beziehung« entstehen. In diesem Fall ist die Kaufentscheidung oftmals schon vor dem ersten realen Kontakt gefallen. Menschen, die sich gegenseitig vertrauen, sind oft motivierter, zusammenzuarbeiten und gemeinsam Ziele zu erreichen. Sie fühlen sich sicherer und unterstützt, was dazu beiträgt, dass sie als Kund:innen schneller und überzeugter eine Kaufentscheidung treffen.

Menschen kaufen von Menschen – und lieber noch von Menschen, denen sie vertrauen.

#088 Das habe ich selbst gemacht!

»Es kann nicht schlecht sein. Denn es ist von dir.« So lautet der Slogan in einem der Spots der Baumarktkette Hornbach. Die Werbefachleute von Hornbach beachten dabei den sogenannten IKEA-Effekt[34]. Dieser bezieht sich auf die Tendenz der Menschen, mehr Wert auf Produkte zu legen, an deren Erstellung sie aktiv beteiligt waren. 2009 wurde dieser Effekt der Verhaltensökonomie vom Wirtschaftswissenschafter Michael Norton beschrieben und nach dem Möbelhersteller benannt, dessen Kundenkreis oft dazu neigt, eine emotionale Bindung zu den selbst zusammengebauten Möbeln zu entwickeln.

Der IKEA-Effekt kann in der Kommunikation und im Verkauf auf die unterschiedlichste Art und Weise genutzt werden:

Geschichten rund um die Herstellung des Produktes zeigen, wieviel Arbeit und Liebe zum Detail in die Produktion fließen. Das wiederum trägt dazu bei, dass man eine stärkere emotionale Bindung zum Produkt aufbaut. Als Fertighausproduzent ist es sinnvoll, die Entstehung des Hauses in der Fertigungshalle jeden Tag für einige Minuten zu filmen und den neuen Hauseigentümer:innen zu senden. Diese werden das voller Stolz und Freude mit ihrer Community teilen.

Mit Do-it-yourself-Optionen kannst du User dazu ermutigen, Produkte selbst zu gestalten und weiter zu optimieren. Dadurch steigt das Gefühl der eigenen Leistung und der direkten Beteiligung am Endprodukt. Bestes Beispiel dafür ist Autotuning bis hin zum GTI-Treffen.

Mit einen Wettbewerb der besten Unbox-Videos generiest du einerseits User Generated Content und baust wiederum weiteres Vertrauen in das Produkt und dessen Handhabung auf. Auf Youtube hat sich ein eigenes Business etabliert, das mit Tutorials und dazu passenden Affiliate-Links gutes Geld macht.

Durch die Kombination des IKEA-Effekts, Unbox-Videos und Tutorials erzählen andere deine Produktstory vielfach glaubwürdiger und effektiver als du selbst! Wie kannst du diese Kombination für dein Business nutzen?

#089 Der etwas andere IKEA-Effekt

IKEA ist mit rund 500 Einrichtungshäusern der größte Möbelkonzern der Welt. Vielfach wurden die blauen Einrichtungshäuser an einen zwar gut erreichbaren, doch meist unattraktiven Standort am Rande großer Städte gebaut. Mit der Zeit hat man Folgendes beobachtet: Wann immer IKEA einen neuen Standort eröffnet, wird die Umgebung rundum aufgewertet und zieht neue Geschäfte an. IKEA begann, eigene Shoppingmalls zu entwickeln. Mittlerweile betreibt IKEA rund 50 Einkaufszentren in Europa und Asien, und die Erfahrungen aus der Immobilienentwicklung fließen auch in diesen Bereich: Zusammen mit Marriott betreibt IKEA unter der Marke Moxy weltweit Hotels.

IKEA hat ein gutes situatives Bewusstsein entwickelt, indem das Unternehmen die Fähigkeit trainiert hat, die Umgebung und die Situation im Umfeld bewusst wahrzunehmen, zu verstehen und entsprechend zu handeln. Situatives Bewusstsein trägt wesentlich dazu bei, bessere Entscheidungen zu treffen, Risiken zu minimieren und Leistung zu optimieren. Das Gegenteil kennen wir als Betriebsblindheit. Wichtig ist, dass nicht nur die Chef:innen mit offenen Ohren und Augen durch die Welt gehen, sondern dass diese tagtäglich auch ihre Teams darin fördern, diesen situativen Instinkt zu stärken.

Offene Kommunikation ist ein wichtiger Aspekt des situativen Bewusstseins. Unternehmen müssen dafür garantieren, dass Mitarbeiter:innen frei sprechen können, um sicherzustellen, dass alle Informationen dort ankommen, wo diese für eine effektive Entscheidungsfindung benötigt werden. Gute Ideen müssen belohnt, die besten Ideen natürlich auch umgesetzt werden.

Gerade wenn du Tag für Tag im Unternehmen bist und das Umfeld bestens kennst: Wie vermeidest du Betriebsblindheit? Wie schaffst du bei dir und in deinem Umfeld ein situatives Bewusstsein?

#090 Die Illusion des Zusammenhangs

Vielfach wird als Basis für das situative Bewusstsein nach einem Muster in den Veränderungen gesucht, um so die entsprechenden Konsequenzen benennen und beziffern zu können. Allerdings: In anderen Fällen glauben wir nur, ein Muster zu erkennen – und folgen dann oft einer Illusion.

Die Musterillusion ist ein kognitives Phänomen, bei dem unser Gehirn automatisch Muster oder Zusammenhänge zwischen visuellen Reizen oder Informationen bildet, auch wenn diese eigentlich nicht vorhanden sind. In der Kommunikation und im Marketing benutzen wir die Musterillusion, um Kund:innen zu beeinflussen und ihnen das – berechtigte! – Gefühl zu vermitteln, dass ein Produkt mehr kann, als dies tatsächlich der Fall ist.

Bestes Beispiel ist die Alpenmilchschokolade: Durch die Darstellung der weidenden Kuh in der Bergen wird uns suggeriert, dass die Milch nur von den im Sommer in den Bergen weidenden Kühen stammt.

In der Kosmetikindustrie wird durch die Verwendung der Bezeichnungen »Tagescreme« und »Nachtcreme« klargemacht, dass du das Produkt besser zweimal am Tag verwenden solltest.

Das Anordnen von Produkten auf Paletten mit einer dazugehörigen großen Tafel »Palettenverkauf« lässt uns glauben, dass der Preis für das einzelne Produkt angesichts dieser Menge viel günstiger ist. Hinzu kommt: Immer wieder gerne werden Wörter wie »natürlich« oder »naturnah« verwendet, damit sie in unserer Musterzuordnung in das richtige Gedankenfach gelangen (eine persönliche Anmerkung: »naturnah« ist für mich ein schreckliches Wort).

Beachte immer: Die Verwendung von Musterillusionen darf nicht dazu führen, dass Menschen getäuscht oder in die Irre geführt werden.

#091 Wenn aus Kaputtem Neues entsteht

Obwohl ich noch nie in Japan war, sehe ich mir immer wieder gerne Dokumentationen aus dem »Land des Lächelns« an. Einmal sah ich einen Bericht darüber, dass es in Japan üblich ist, wertvolles Porzellan – wenn es denn einmal runterfällt und zerbricht – nicht wegzuwerfen, sondern auf eine sehr spezielle Art zu reparieren. Die Japaner:innen nennen dies Kintsugi[35], eine traditionelle japanische Reparaturmethode für zerbrochenes Porzellan oder Keramik, bei der Gold oder Silber verwendet wird, um die Bruchstellen zu verbinden. Diese Methode betont nicht nur die Reparatur der Schäden, sondern auch die Wertschätzung der Vergangenheit und die Schönheit der Reparatur selbst. Das vorher zerbrochene Porzellan wird in den Augen der Japaner:innen dadurch noch wertvoller, da es nun absolut einzigartig geworden ist.

In diesem Zusammenhang sei auch die Philosophie des Wabi Sabi[36] erwähnt – ein spannender Aspekt, der gerade in unserer heutigen so perfekt scheinenden und durch »Hochglanz«-Instagram-Bilder geprägten Welt an Brisanz gewinnt: Wabi Sabi ist eng mit dem Zen-Buddhismus verbunden und kennzeichnet ein ästhetisches Konzept der Wahrnehmung von Schönheit. Es besagt, dass nicht die offensichtliche Schönheit das Maß aller Dinge ist, sondern jene, die unter der Oberfläche versteckt ist. Gemeint ist die Schönheit einer Patina, der Reiz des Verborgenen, fast Unscheinbaren und vor allem: der Reiz des nicht Perfekten, die Ästhetik des Unvollkommenen, Unbeständigen und Unvollständigen!

Den Begriff »Wabi-Sabi« gibt es in Japan bereits seit dem Mittelalter, und alle, die der perfekt geschönten und unheimlich langweiligen Social-Media-Welt längst müde geworden sind und sich einem Retro-Style zuwenden, der eben mit nostalgischer Patina daherkommt, wissen, worauf ich hinauswill.

Die Kintsugi-Idee können wir auch gut in das Marketing übernehmen – und zwar nicht nur, weil wir im Sinne unserer Umwelt darauf achten sollten, Kaputtes wieder zu reparieren und nochmals zu verwenden. Denn Kintsugi kann auch als Metapher für innovative Geschäftsmodelle verwendet werden, die Probleme auf neue und kreative Weise lösen. Unternehmen gestalten unter dem Titel »Upcycling« aus alten Lkw-Planen neue Taschen: Ganz im Trend liegen Möbel aus Paletten, oder aus dem Kaffeesatz wird ein Nährboden für Pilze gemacht. Adidas hat einen Schuh aus Ozean-Plastik hergestellt und diesen millionenfach verkauft. Riesige Modeketten belohnen ihre Kund:innen mit Gutscheinen dafür, dass sie ihre Altkleidung an das Unternehmen zurückgeben, und stellen neue Kleidung aus den recycelten Rohstoffen her. Der Kreislauf ist die neue Erfolgskurve steil nach oben.

In der Kosmetikbranche kann Kintsugi Models dazu inspirieren, das Schönheitsideal neu zu definieren. Als Marke oder als Unternehmen solltest du betonen, dass Schönheit auch durch Fehler und Makel entstehen kann, und so eine motivierende Botschaft an eine Zielgruppe aussenden, die sich eben nicht durch das klassische Schönheitsideal angesprochen fühlt. Viele Frauen und Männer sind es einfach leid, unrealistischen Idealen hinterherzulaufen, die sich noch dazu gefühlt jährlich ändern. Feiern wir doch stattdessen das Unperfekte, Wabi-Sabi, und machen wir das Beste aus dem Bestehenden.

Die Verlängerung der Lebensdauer von Produkten wird aktuell großgeschrieben, und damit geht eine höhere Wertschätzung der Dinge einher. Beinahe alle Unternehmen heften sich Nachhaltigkeit auf ihre Fahnen, mit Kintsugi entsteht daraus eine nachhaltige Story.

Und »ganz nebenbei«, so darf ich völlig unpathetisch einwerfen, kann dieser Trend, falls er sich zu einer nachhaltigen Einstellung möglichst vieler Menschen entwickelt, schlicht und ergreifend unsere Welt retten. Das wäre doch mal was!

Nur unperfekt bist du perfekt! Nutze den Reiz des Verborgenen, des Unscheinbaren und des nicht Perfekten und die Ästhetik des Unvollkommenen, Unbeständigen und Unvollständigen für dein Business.

7

Warum Menschen von Menschen kaufen: Die Welt der Kunden

»Wir reiten in die Stadt, der Rest ergibt sich.« Kennst du das? Vergiss es! Denn was passierte mit den schlecht vorbereiteten Cowboys? Sie haben »den Rest« nicht überlebt. Also gilt für dich: Reite in die Stadt und wisse, was du dort vorhast!

Wen willst du wo treffen und welche Geschichte erzählst du dort – damit du heil wieder aus der Westernstadt rauskommst? Nein, deine Businesswelt ist nicht der Wilde Westen, aber du solltest trotzdem gut vorbereitet sein. Und dazu gehört auch die professionelle Oberflächlichkeit – ja, die gibt es, und auch du solltest wissen, wie du sie für dein Business nutzen kannst.

#092 Schreiben ist das neue Reden

Auch wenn du gerade dieses Buch liest, so ist es doch so, dass ich lieber mit dir sprechen würde und lieber zum Telefonhörer greifen wollte als eine E-Mail zu schreiben. Mir ist es auch lieber, dir eine knackige Sprachnachricht zuzusenden als einen langen WhatsApp-Text. Doch wenn ich mit Menschen aus dem Marketing und aus Werbeabteilungen kommuniziere, dann passiert das immer öfter per E-Mail, Chat oder Messenger. Vieles, was ich an Verkaufstechniken, Einwandbehandlung und Rhetorik erlernt und erarbeitet habe, könnte ich in dieser Form gar nicht mehr ein- und umsetzen.

Die jüngsten Entwicklungen zeigen: Um Menschen mit Storys zu begeistern, reicht es nicht, nur reden zu können – vor allem, wenn deine Kund:innen nur noch lesen wollen. Schreiben hat sich tatsächlich zum neuen Reden entwickelt: Als Verkäufer:in und Mitarbeiter:in im Marketing oder im Kundenservice wird es immer wichtiger, gut schreiben zu können, um sich auch mithilfe des geschriebenen Worts in den Köpfen der Kund:innen zu verankern.

Allerdings gibt es ein Problem: Oft kommunizierst du mit einem Gesprächspartner, der dein Angebot weiterleiten und weitergeben muss, etwa an die Entscheider. Und vielleicht gibt dieser Gesprächspartner deine Infos und dein Angebot an die Entscheider in eigenen flammenden Worten weiter – sofern es dir gelungen ist, ihn zu begeistern. Und vielleicht schreibt dein Gesprächspartner zusätzlich eine E-Mail. Er leistet also auf mehreren Kanälen Überzeugungsarbeit bei den Entscheidern.

In der schriftlichen Kommunikation jedoch werden dein Angebot, deine E-Mail, werden deine Worte und Sätze oft einfach nur weitergeleitet und so auf nur einem Wahrnehmungskanal kommuniziert. Die Frage ist: Wie wirst du wahrgenommen, wenn man nur deine geschriebenen Worte liest? Wie stark wirken deine geschriebenen Worte?

Professionalisiere auf jeden Fall deine schriftliche Kommunikation. Prüfe, wie du auch hierbei Storytelling nutzen kannst.

#093 Wir reiten in die Stadt, der Rest ergibt sich

Wir haben in diesem Buch schon über den einen oder anderen Film und deren Darsteller gesprochen, nun kommt ein weiterer hinzu. Clint Eastwood soll in einem Western gesagt haben: »Wir reiten in die Stadt, der Rest ergibt sich« – das mag in Westernfilmen eine gewisse Faszination ausüben, ist aber im Marketing und Verkauf nicht sinnvoll. In diesen Bereichen geht es darum, klare Ziele zu setzen und eine Strategie zu entwickeln, um diese Ziele zu erreichen. Ohne eine klare Zielsetzung und Planung kann es schwierig sein, den Erfolg zu messen und sicherzustellen, sodass die gewünschten Ergebnisse erzielt werden.

Einerseits fokussieren sich viel zu viele Unternehmen auf das Produkt, zu einem guten Teil noch auf die Ziele und am allerwenigsten auf die Vertriebs- und Verkaufsstrategie. Der Erfolg eines Unternehmens oder eines Produkts hängt in erster Linie am Erfolg des Verkaufs. Nur ganz selten scheitern Unternehmen an der Qualität des Produkts, die allermeisten haben vielmehr zu wenig davon verkauft.

Wenn Storytelling ein wesentlicher Erfolgsfaktor ist (ich gehe davon aus, dass wir uns mittlerweile darüber einig sind), stellt sich die Frage, warum es kaum ein Unternehmen gibt, das eine Storytelling-Strategie festgelegt hat. Eine Strategie, die auf der Basis einer Zielgruppenanalyse und mithilfe der Kenntnis der Bedürfnisse, Interessen und Vorlieben der Zielgruppe basiert und entwickelt wurde. Denn nur eine solide und fundierte Strategie trägt dazu bei, dass die Geschichten in der Lage sind, die Aufmerksamkeit der Kunden zu gewinnen und eine emotionale Verbindung zu ihnen aufzubauen.

»Wir sind nun auf TikTok und sehen uns den Kanal an« hat übrigens die gleiche Wirkung wie »Wir reiten in die Stadt, der Rest ergibt sich«. Oder besser gesagt: Nicht-Wirkung.

Die Cowboys im Western haben nicht überlebt! Darum gilt für dich: Reite in die Stadt und wisse genau, was du dort vorhast!

#094 Lieber selten und gut als permanent und schlecht

Die dritte Option »permanent und gut« steht leider nicht zur Auswahl, und »selten und schlecht« wird niemand wählen. Mein klarer Apell lautet: Wähle die Option »selten und gut«: Insbesondere im digitalen Raum wird zunehmend Relevanz statt Firlefanz von den Algorithmen belohnt. Es gibt zu viele gute Geschichten, und darum wollen und müssen sich die Menschen sich mit substanzlosen Postings und Storys nicht länger die Zeit vertreiben. Gute Geschichten brauchen Zeit in der Entstehung und werden vom Publikum mit einer höheren Verweildauer belohnt. Je länger sich dein Gegenüber mit deiner Story beschäftigt, desto höher ist die Wahrscheinlichkeit, dass er kauft. Die reine Engagementrate wird aus meiner Sicht drastisch überbewertet.

Gute Geschichten werden von anderen Personen, Medien wie Zeitungen oder TV gern aufgenommen und generieren dadurch für dich enorme Aufmerksamkeit und Reichweiten. Reichweiten, deren Werbewert weit über den Honoraren guter Storyteller liegt und vielfach kaum zu bezahlen sind. Michael O'Leary, CEO von Ryanair, erzählt lieber die große Aufmerksamkeit erzeugende Story von Stehplätzen in Flugzeugen[37], als für Inserate zu zahlen, und wird so in ganz Europa in den bedeutenden Zeitungen und Magazinen zitiert.

Wenn eine Geschichte nicht auf deine Marke und auf höhere Umsätze abzielt und einzahlt, ist sie nicht sinnvoll. Seit 1999 gibt es das Spiel »Moorhuhn« – ursprünglich als Computerspiel und heute natürlich für alle digitalen Plattformen. Doch kaum jemand weiß, dass dieses Spiel als Werbespiel für die Whiskymarke Johnnie Walker entwickelt wurde. Moorhuhn hat nie auf die schottische Marke eingezahlt, und es ist zu bezweifeln, dass Johnnie Walker deshalb jemals eine Flasche Whisky mehr verkauft hat.

! Lieber selten und gut mit einem zugrundeliegenden Ziel – das ist immer die bessere Wahl.

#095 Professionelle Oberflächlichkeit

Wenn wir auf einem Businessevent andere Menschen kennenlernen und neue Kontakte knüpfen, so wird unsere Unterhaltung in den ersten Minuten sicherlich oberflächlich bleiben. Oberflächlich bedeutet allerdings nicht lapidar und inhaltsleer, es bedeutet vielmehr, dass wir uns noch nicht über tiefe persönliche Ereignisse oder profund über ein Business austauschen können. Es geht halt um das Kennenlernen und die Beobachtung, wie weit mir mein Gegenüber folgen will und kann.

Wahre kommunikative Kompetenz definiert sich nicht allein über Tiefgang, sondern auch über professionelle Oberflächlichkeit. Professionelle Oberflächlichkeit ist die Fähigkeit, Informationen auf eine prägnante und leicht verständliche Weise zu vermitteln, ohne dabei zu sehr ins Detail zu gehen. Es geht darum, die Aufmerksamkeit des Publikums oder der potenziellen Kund:innen zu gewinnen und ein Ziel auf eine klare und direkte Weise zu erreichen, ohne dabei Zeit oder Ressourcen zu verschwenden.

Wahrhaft meisterlich ist dies Steve Jobs 2001 bei der Präsentation des iPods gelungen. »1.000 Songs in your Pocket« sagte damals alles darüber aus, was dieses neue Gerät konnte. Apple hat den MP3-Player nicht erfunden, dieser wurde bereits Jahre zuvor in Deutschland erfunden. Doch in der Kommunikation ging es nur darum, was das Dateiformat MP3 bedeutet, wie viele Megabyte man auf einen MP3-Player speichern kann und um viele andere neue technische Details. Das nenne ich ein treffendes Beispiel für erfolgreiche professionelle Oberflächlichkeit: Jeder hat verstanden, was »1.000 Songs in your Pocket« bedeutet.

Wenn du mit Kund:innen klar kommunizieren willst und deine Infos verstanden werden sollen, dann ist professionelle Oberflächlichkeit unabdingbar. Diese erreichst du allerdings nur, wenn du dich tief mit deinem Produkt, deiner Zielgruppe und der dazu nötigen Kommunikation beschäftigst.

#096 Same procedure as every year

Das ist einer der bekanntesten Sketches weltweit, er wird jedes Jahr zu Silvester auf unzähligen Fernsehstationen ausgestrahlt. Tags darauf gibt es mit dem Neujahrskonzert der Wiener Philharmoniker ein weiteres Highlight. Jährlich erreicht das Neujahrskonzert in der Liveübertragung in rund 90 Ländern der Erde über 50 Millionen Menschen. Karten für dieses Konzerthighlight sind kaum bis gar nicht zu bekommen, und für die Besucher:innen, die es erleben dürfen, bleibt es ein Höhepunkt im Leben. Der Erfolg liegt in beiden Fällen im Wesentlichen bei zwei Faktoren: Sketch und Konzert sind gut inszeniert und werden ständig wiederholt.

Auch der Erfolg von Storytelling potenziert sich, wenn Storys gut inszeniert sind und diese konsequent wiederholt werden. Nichts anderes hat Steve Jobs Jahr für Jahr gemacht. Apple wurde weltweit für die Präsentationen gefeiert, die Story wurde konsequent wiederholt. Einfach die beste Inszenierung. Und auch nicht anders machen es die Wiener Philharmoniker: Präsentation des nächsten Dirigenten (dieser wechselt Jahr für Jahr), Präsentation des Programms, Berichte von den Proben, Hintergrundberichte der Komponisten, deren Stücke im jeweiligen Jahr gespielt werden, Berichte darüber, welche großen internationalen Gäste erwartet werden. Die beste Inszenierung, gepaart mit bestem Storytelling und der jährlichen Wiederholung – diese Mischung führt zum größtmöglichen Erfolg.

Für dein Business bedeutet das:

- Was ist die wichtigste Botschaft, die du vermitteln willst (1.000 Songs in your Pocket)?
- Welche Personen profitieren am meisten davon? Passe die Story entsprechend an!
- Wie (wo) kannst du die Geschichte am besten präsentieren, um diese anschaulicher zu gestalten?
- Erzähle die Geschichte immer wieder und auf allen Kanälen, um sicherzustellen, dass sie bei deiner Zielgruppe im Gedächtnis bleibt.

Wie sieht dein nächster Sketch aus? Wie gestaltest du dein Konzert? Wie baust du deine Story auf? Wie inszenierst du deine Botschaft?

#097 Die Zielgruppe ist nicht statisch und starr

Bei einer Führung durch die vatikanischen Museen hat unser Museumsführer die Veränderung des Stils bei der Darstellung der Personen im 15. Jahrhundert erklärt. Bis dahin wurden Personen im Hintergrund unabhängig der Entfernung immer gleich groß dargestellt. Erst im Laufe des 15. Jahrhunderts wird die »lineare Perspektive« zum Standard in der Malerei. Sie gehört seitdem zu den grundlegenden Techniken der Malerei und wird verwendet, um einen dreidimensionalen Raum auf einer flachen Fläche darzustellen. Bei der linearen Perspektive werden die Objekte in einer Szene so dargestellt, dass sie kleiner werden, je weiter sie entfernt sind. Dadurch entsteht bei den Betrachter:innen der Eindruck von Tiefe und Räumlichkeit.

Im Business ist dies Erkenntnis bei vielen Unternehmen noch nicht angekommen: Viele blicken auf eine statische und starre Zielgruppe, ohne die Menschen zu erkennen.

Im Verkauf geht es darum, Produkte oder Dienstleistungen zu verkaufen. Und wer kauft? Menschen! Deshalb ist die Kommunikation mit den Menschen im Verkauf so wichtig. Der Verkauf ist keine Einbahnstraße, sondern ein Dialog. Die Verkäufer:innen müssen in der Lage sein, auf die Bedürfnisse und Wünsche der Kund:innen einzugehen und diese zu verstehen.

Du weißt es bereits: Eine gute Kommunikation hilft dabei, Vertrauen aufzubauen und eine positive Beziehung zu entwickeln. Wenn Kund:innen das Gefühl haben, dass die Verkäufer:innen sie verstehen und ihnen zuhören, vertrauen sie ihnen und sind eher bereit, von ihnen zu kaufen. Nur statische Zielgruppen oder anonyme Persona (eine Persona ist ein Modell aus dem Bereich der Mensch-Computer-Interaktion) zu sehen greift bei Weitem zu kurz, da wir es von klein auf gewohnt sind, mit anderen Menschen zu kommunizieren.

Eine erfolgreiche Kommunikation im Verkauf erfordert Empathie. Einfühlungsvermögen lässt sich vor allem im Kontakt mit Menschen entwickeln. Baue Einfühlungsvermögen auf, indem du immer wieder in den Kundenkontakt gehst.

#098 Gemeinsamkeit verbindet

Als Hundehalter:in wirst du im Park eher mit anderen Hundehalter:innen ins Gespräch kommen als mit anderen Personen, als Elternteil kleiner Kinder kommst du öfter mit anderen Eltern ins Gespräch als mit Singles oder Freundesgruppen. Der Grund dafür: Gemeinsamkeit verbindet.

Seit vielen Jahren ist Google unser Begleiter in vielen Lebensfragen geworden, egal, ob es um gesundheitliche Probleme, um die besten Joggingschuhe oder um Checklisten für größere Investitionen geht. Google holt uns in der Kaufbereitschaft aktiv ab und belohnt jene Unternehmen, die diese Fragen am besten beantworten. Denn diese Unternehmen und deren Websites werden auf der ersten Seite gerankt und holen die meisten Klicks und generieren die besten Umsätze.

Wenn man weiß, wonach User:innen suchen, dann ist es doch einfach, genau jene Geschichten zu präsentieren, in denen sich Menschen in einer ähnlichen Situation befinden. Alle erkennen die Gemeinsamkeiten und fühlen sich verstanden. Auf diese Weise können potenzielle Kund:innen sich mit den Erfahrungen anderer identifizieren und die Vorteile ihres Angebots besser verstehen. Zum Suchfeld bei Google sind die User:innen sicherlich auch um vieles ehrlicher als im direkten Gespräch. Mit Tools wie »AnswerThePublic« weißt auch du, welche Fragen im Netz gestellt werden. Und somit weißt du auch, welche Antworten du in deinen Storys geben musst!

Gleiches gilt auch für die analoge Welt und für das persönliche Gespräch. Natürlich kannst du nicht alle Situationen selbst erlebt haben, doch du kannst immer auf Kund:innen referenzieren, die vor einer ähnlichen Herausforderung standen oder stehen. Diesen Kund:innen könntest du mit deiner Expertise und mit deinem Angebot helfen, die Situation zu meistern.

Du erinnerst dich an die Heldenreise? Du wirst Mentor und Ratgeberin deiner Kund:innen und machst sie durch die Lösung des Problems zu Held:innen. You are Yoda, Luke Skywalker is the hero!

#099 99 Luftballons

»Hast du etwas Zeit für mich?« So beginnt eines der bekanntesten Lieder der deutschen Popgeschichte. Mit dem Song schaffte Nena 1983 den Durchbruch, den Anfangstext kennt fast jeder. Und genau darum geht es auch in deinem Business: Dass ein Mensch »etwas Zeit« für dich und dein Angebot hat. Du kannst alles kaufen, doch die Zeit und die Aufmerksamkeit deiner potenziellen Kund:innen und User musst du dir erarbeiten.

Zeit ist eine der wertvollsten Ressourcen, die Menschen haben, da diese begrenzt ist und nicht zurückgewonnen werden kann. Wenn uns Kund:innen oder User:innen ihre Zeit schenken, zeigen sie uns, dass sie an unserem Angebot interessiert sind und dass sie uns vertrauen. Es ist daher wichtig, ihre Zeit zu respektieren und zu schätzen. Wenn wir ihre Zeit verschwenden oder sie mit uninteressanten oder irrelevanten Informationen überfluten, werden wir ihr Interesse schnell verlieren und möglicherweise sogar ihre Loyalität beeinträchtigen. Andererseits: Wenn wir ihre Zeit effektiv nutzen, können wir Vertrauen und eine starke Beziehung zu ihnen aufbauen, was langfristig meistens zu mehr Umsatz und Erfolg führen wird.

Gerne komme ich auf IKEA zurück: Wenn du durch die Möbelabteilung oder durch den großen Marktbereich gehst, dann gibt es auch immer wieder markierte Abkürzungen. IKEA gibt einen ausgeklügelten Weg durch das gesamte Warensortiment vor, das Unternehmen will natürlich, dass auf dem Kassenbon eine möglichst hohe Zahl steht, doch es will auch die Zeit jener nicht rauben, die nur an ganz bestimmten Produkten Interesse haben.

Kund:innen sind oft sehr beschäftigt und haben viele Möglichkeiten zur Auswahl. Wenn sie uns ihre Zeit schenken, ist dies ein wertvolles Geschenk, das wir nicht als selbstverständlich ansehen sollten. Daraus gilt es, das Beste für die Kund:innen zu machen, aber auch Umsatz und Gewinn für das Unternehmen.

Respektiere die Zeit deiner Kund:innen!

#100 Und jetzt?

In vielen Kulturen wird die Zahl 100 als Symbol für Vollständigkeit und Perfektion angesehen. Es wird angenommen, dass etwas, das zu 100 Prozent vollständig ist, keiner weiteren Ergänzungen bedarf. Mein Versprechen war allerdings, 151 Storys für deinen Erfolg im Business zu liefern – und das werde ich auch erfüllen.

Die Zahl 100 kann jedoch im Storytelling, im Marketing und im Verkauf gut genutzt werden, weil wir damit Botschaften, Aussagen und Geschichten verstärken können und weil unser Gehirn diese Zahl als besondere Zahl wahrnimmt. Zudem wird sie oft als Symbol für Erfolg und Leistung angesehen. Eine hundertprozentige Erfolgsquote oder eine hundertprozentige Leistungssteigerung wird als hervorragend definiert.

Denke auch an die »100-Prozent-Zufriedenheitsgarantie«. Der Kunde minimiert sein Risiko und befriedigt damit sein Sicherheitsbedürfnis. Und der 100-Tage-Plan lässt Kund:innen vermuten, dass für sie danach ein besseres Leben beginnt, weil sie fitter oder schlanker sind. »Digital in 100 Tagen« suggeriert Unternehmen, dass es eine einfache Zukunftslösung gibt.

Es gibt weitere Beispiele: Eine Geschichte rund um 100 Menschen, die zusammenkommen, um ein gemeinsames Ziel zu erreichen, kann eine starke Botschaft der Zusammenarbeit und der Stärke von Gemeinschaften vermitteln. Storytelling wirkt in Unternehmen selbstverständlich auch nach innen. Und eine Story wie »100 Tage ohne Kompromiss« oder eine Geschichte über sich selbst oder ein Team, das 100 Tage lang eine Herausforderung annimmt, inspiriert und zeigt, dass es wichtig ist, sich zu fordern und aus der Komfortzone auszubrechen.

Markiere 100 Storys in diesem Buch, die es dir Wert sind, kurz darüber nachzudenken. Clustere die 100 auf zehn Vorhaben und beginne sofort damit, sie umzusetzen.

#101 Ist Wissen noch Macht?

Vor Hunderten von Jahren war Wissen kaum verfügbar, es lag gut behütet und verschlossen bei wenigen Gelehrten, oft hinter dicken Klostermauern. Heute ist das allermeiste Wissen auf dieser Welt frei verfügbar und für jeden zugänglich. Es gibt kein Geheimwissen mehr, doch es gibt immer noch Unternehmen, die glauben, dass sie aus ihrem Wissen großes Kapital schlagen können. Du findest auf Youtube, Google und all den anderen Plattformen Anleitungen für alle Lebensbereiche – Tutorials, wie du die Waschmaschine reparierst oder wie du Pickel ausdrückst, bis hin zu Aktien- und Anlagestrategien von Profis und allen möglichen Scharlatanen. Doch ein geheimes Wissen gibt es nicht mehr.

Die Frage ist, wie du als Unternehmen mit deinem Wissen umgehst. Gibst du es öffentlich zugänglich an Interessenten weiter? Auch auf die Gefahr hin, dass die Konkurrenz mitliest und zuhört – oder denkst du, dass eine Person erst ihre Unterschrift auf den Vertrag setzen muss, um von dir alles Wissenswerte zu erfahren?

Christian Solmecke, ein Rechtsanwalt aus Köln, begann vor mehr als zehn Jahren damit, rechtliche Fragen per Youtube-Video zu beantworten. Kostenfrei und für alle zugänglich. Er hatte damals eine kleine Anwaltskanzlei mit rund zehn Mitarbeiter:innen – heute beschäftigt er gemeinsam mit zwei Partnern an die 200 Mitarbeiter:innen. Nur weil er sein Wissen weitergibt! Die Menschen sehen, dass er sein Handwerk versteht. Mit bald einer Million Youtube-Abonnent:innen hat er eine enorme Reichweite, was auch von den klassischen Medien wahrgenommen wird. Er ist Stammgast in Fernsehstudios und begehrter Interviewpartner für Zeitungen und Magazine und kann es kaum mehr verhindern, dass seine Reichweite immer mehr steigt und seine Kanzlei immer mehr Mandant:innen gewinnt.

Wenn du andere dabei unterstützt, erfolgreich zu werden, kannst du nicht verhindern, dass du selbst erfolgreich wirst.

#102 Niemand liebt Werbung

»Niemand liebt Werbung – nicht mal die Werber selbst.«[38] So betitelte Thomas Koch seine Kolumne in der Wirtschaftswoche vom 4. Oktober 2022 und spielte dabei auf eine Aussage von Uwe Storch, Werbechef von Ferrero, an. Gemeint war, dass Werbung nervig, laut und immer schlechter wird und von einer Mehrheit zunehmend abgelehnt wird. Schön ist schon einmal, dass dies den Werbern selbst auffällt und sie zumindest Selbstreflexion zeigen. Doch das bedeutet noch lange nicht, dass sich aktuell viel ändert.

Im selben Artikel pflichtet Shanine Chaudry, Directorin des Marktforschungsinstituts Kantar, dem bei: »Digitale Werbung wird von vielen Konsumenten als besonders aufdringlich empfunden. Die Botschaften erreichen die Nutzer oft am falschen Ort und zur falschen Zeit. Kreative Exzellenz ist das A und O für wirksame Werbung. Viel zu oft wird nur irgendwas gemacht.«

Kreative Exzellenz ist einer der Schlüssel zum Erfolg: von der Idee für die passende Story, deren Umsetzung als unterhaltende, inspirierende und informative Geschichte bis hin zu dem passenden Rahmen.

Der richtige Ort und die richtige Zeit bedeuten aus meiner Sicht, dass jemand sich an einem Tag die Informationen gerne auf einer Website und am nächsten Tag auf Youtube holt. Und an einem anderen Tag hört sie oder er sich lieber einen Corporate Podcast an oder will ein gutes Kundenmagazin lesen. Menschen wollen Neues für sich entdecken und keine Produkte verkauft bekommen. Sie wollen das Gefühl haben, sich aktiv für das Produkt entschieden zu haben und nicht durch manipulative Werbung zum Kauf verführt worden zu sein.

Die Wirkung guter Kommunikation potenziert sich, wenn Botschaften und Geschichten über verschiedene Wahrnehmungskanäle die Menschen an verschiedenen Orten erreichen.

Das Gewohnte ist normal – und dem Normalen vertrauen wir.

#103 Die Beta-Version der Kommunikation

»Das habe ich noch nie vorher versucht, also bin ich völlig sicher, dass ich es schaffe.« Mit so viel Selbstvertrauen und Optimismus geht Pippi Langstrumpf an neue Projekte heran. Sie ist felsenfest davon überzeugt, dass es funktioniert. Dennoch klappt es nicht immer gleich im ersten Versuch, oder es passt nicht von Anfang an perfekt. Doch dann macht sie es eben passend.

In unserem Kulturraum – Deutschland, Österreich und Schweiz – herrscht das Prinzip des Perfektionismus vor: Solange nicht alles exakt passt, kommt es nicht auf den Markt, wird nicht eröffnet und nicht präsentiert. Das mag auch ein Grund dafür sein, warum viele europäische Firmen etwa von den großen US-Tech-Unternehmen meilenweit abgehängt worden sind. Wir ertragen es nicht, von anderen kritisiert zu werden oder wir haben einen zu hohen Anspruch an uns selbst. Reid Hoffman, Co-Gründer von LinkedIn, soll gesagt haben: »Wenn dir die erste Version deines Produktes nicht peinlich ist, hast du es zu spät auf den Markt gebracht.«[39]

Im Marketing kann diese Herangehensweise durchaus sinnvoll sein, insbesondere im Zusammenhang mit digitalen Marketingkanälen wie Websites, sozialen Medien oder E-Mail-Kampagnen. Indem man frühzeitig mit einer Kampagne oder einer Marketingaktivität beginnt, kann man schnell Feedback sammeln und darauf reagieren, indem man optimiert, wieder testet und weiter optimiert.

Wenn wir eines in den letzten zwei bis drei Jahren gelernt haben, dann ist es, dass Kundenkommunikation und Verkauf auf vielen verschiedenen Ebenen funktionieren. Es war keine Zeit, neue Wege lange zu testen, sie wurden einfach beschritten, und oft wurden Unternehmen für ihren Mut belohnt. Das Prinzip, dass man etwas halbfertig beginnt und es dann nach und nach optimiert, sollte uns also auf jeden Fall weiterhin begleiten.

Beginne JETZT! Es gibt immer ein Unternehmen, das schneller ist und lauter brüllt, es hat zwar nicht das beste Produkt, doch den größten Erfolg. Orientiere dich an dieser Vorgehensweise.

#104 Sich selbst verstehen

»Du verstehst mi ned« – so lautet ein bekannter Songtitel des österreichischen Liedermachers Wolfgang Ambros. Genau diesen Satz kennen wir nur allzu gut. Doch wie oft hörst du: »Ich versteh mich nicht«? Nicht verstanden zu werden ist in den allermeisten Fällen das Problem der anderen, wir selbst übernehmen hier kaum Verantwortung.

Um von unserer Zielgruppe verstanden zu werden, sollten und müssen wir wissen, in welcher Welt und in welcher Blase wir leben. Der Marken-Experte Oliver Errichiello hat eine interessante Umfrage[40] dazu gestartet, wer eigentlich Werbung macht. Das Ergebnis erstaunt insofern, als dass die Mitarbeiter:innen in Werbeagenturen weit weg von der politischen Mitte sind. Rund 75 Prozent der in der Werbung tätigen Menschen wählen links der Mitte, rund 50 Prozent wählen grün. Das unterscheidet sie erheblich vom Durchschnitt der Wähler:innen in Deutschland. Die Konservativen von CDU/CSU wurden nur von rund sechs Prozent der Werbenden gewählt, das Wahlergebnis der Bundestagswahl 2021 lag bei 24,1 Prozent. Darüber hinaus haben Werber:innen ein überdurchschnittliches Bildungsniveau und geben zudem an, sich zu 21 Prozent vegetarisch zu ernähren. Zwar nicht abgefragt, doch für jeden mit freiem Auge erkennbar ist auch, dass man Menschen, die älter als 50 Jahre sind, in Werbeagenturen oft vergeblich sucht.

Die Welt der Werber:innen trifft nun auf die reale Welt: Entscheidungsträger im B2B-Bereich, Alter 51 Jahre, wirtschaftsliberal, heterosexuell, Fleischesser, Dieselfahrer, nutzt das Flugzeug beruflich und privat. Werber leben wohl anscheinend in einer Blase ...

Es ist nicht immer so, dass Werbung nicht wirkt, weil uns Tausende Botschaften auf zig Kanälen gleichzeitig erreichen wollen, sondern weil sich immer mehr Blasen bilden und weil Werbung, die uns belehren will, für uns irrelevant ist. Denn wer lässt sich schon gern belehren?

Wenn Verkäufer:innen und Kund:innen dieselben Werte vertreten, wird der Erfolg um vieles einfacher.

#105 Wo kämen wir denn da hin?

Das ist ein Satz, den ich zumindest in der Schulzeit sehr oft gehört habe, später als Führungskraft und Unternehmer aber immer seltener, denn irgendwann habe ich den folgenden (in Story #004 bereits zitierten) Gedanken des Schweizer Pfarrers und Lyrikers Kurt Marti (lieber) aufgenommen: »Wo kämen wir hin,/ wenn alle sagten,/ wo kämen wir hin,/ und niemand ginge,/ um einmal zu schauen,/ wohin man käme,/ wenn man ginge.« Seitdem gehe ich auch immer wieder dorthin.

In meiner Beobachtung ist es so, dass in vielen Marketing- und Verkaufsabteilungen das Prinzip des »Copy and Paste« herrscht. Die Pläne vom letzten Jahr werden übernommen und um wenige Prozentpunkte nach oben revidiert. Radikale Änderungen der Marketingstrategie oder der Verkaufsstrategie oder Verkaufskanäle erfolgen kaum. Manchmal lässt man einen Kanal, wie den einen oder anderen Messeauftritt, über Jahre sanft entschlafen – doch weiter passiert nichts.

Die Mutlosigkeit hat einen Grund: Misserfolg im Marketing oder im Verkauf bedeutet bei uns den Verlust des Jobs und nicht, dass man eine Strategie getestet hat und gescheitert ist.

Es braucht dann Unternehmer wie den bereits erwähnten Michael O'Leary, der das Buchungssystem bei den Airlines revolutioniert hat, denn bei Ryanair konnte nur online gebucht werden. Heute sind viele seiner Ideen bei anderen Airlines umgesetzt und Standard. Er ist immer einer, der geht, »um einmal zu schauen, wohin man käme, wenn man ginge«.

Aus jeder neuen Idee und Innovation kannst du eine Fülle an Storys kreieren: Storys, die Menschen begeistern und bewegen und diese dann auch Fans werden lassen.

Niemand erinnert sich an den, der es einmal lediglich versucht hat.

#106 Was bin ich?

Wenn dich das an eine Quizshow im Fernsehen erinnert, dann bist du um die 50 Jahre alt oder älter. Bis 1989 wurden in 337 Folgen vom Moderator Robert Lembke Personen vorgestellt, welche eine kurze berufsspezifische kurze Handbewegung vorführten. Ein vierköpfiges Rateteam musste nun deren Beruf oder Tätigkeit erraten, und dem Team standen dafür neun Fragen zur Verfügung, die die gesuchte Person mit »Nein« beantworten konnte. Denn beim zehnten Nein hatte die gesuchte Person gewonnen.

Die Schwierigkeit lag natürlich darin, dass mit dieser kurzen Handbewegung allein der Beruf kaum zu erraten war. Ähnlich ist es auch bei vielen Unternehmen, wenn man das erste Mal davon liest. Man kommt nicht dahinter, wofür das Unternehmen steht und warum ich die Mühe auf mich nehmen sollte, nachzufragen, mühsam zu recherchieren und vielleicht bei diesem Unternehmen sogar Kunde zu werden. Manchmal gelang es dem Rateteam bei »Was bin ich?« den Beruf des Gastes durch die Handbewegung sofort zu erkennen. Das vordringliche Ziel eines Unternehmens sollte es sein, dass neue potenzielle Kund:innen bereits anhand der ersten Sätze und Informationen beispielsweise auf der Website erkennen, wofür das Unternehmen steht. Oder auch, wofür du stehst. Den Jackpot knackst du, wenn du frühzeitig Interesse weckst und auf dein Produkt oder deine Dienstleistung neugierig machst!

Lass uns nun »Was bin ich?« spielen – immerhin stehen dir 15, nicht nur zehn Fragen zur Verfügung, die du für dich beantworten solltest:

1. »Welche Idee oder welche Leidenschaft steckt in mir?«
2. »Was ist der Kernnutzen meiner Idee, meines Produkts oder meiner Dienstleistung?«
3. »Wofür soll ich oder mein Unternehmen angefragt werden?«
4. »Welche Werte möchte ich als Unternehmen vermitteln?«
5. »Was ist meine Stärke als Unternehmen?«
6. »Auf welche Fragen meiner Kund:innen habe ich die besten Antworten?«
7. »Inszeniere ich mich oder mein Unternehmen?«
8. »Wie inszeniere ich mich oder mein Unternehmen?«
9. »Wie möchte ich als Person, Unternehmen oder Marke wahrgenommen werden?«

10. »Wie wichtig ist die Neukundenakquisition und welchen Stellenwert hat der Bestandskunde?«
11. »Wer sind die Personen oder Unternehmen, mit denen meine Kund:innen vor mir oder nach mir sprechen?«
12. »Gibt es im Umfeld einen Gamechanger?«
13. »Wächst meine Zielgruppe oder kann ich nur durch Verdrängung wachsen?«
14. »Reichen meine aktuellen Kenntnisse aus, um die Nummer 1 zu werden?«
15. »Wie gut ist mein Netzwerk innerhalb und außerhalb meiner Branche?«

Du solltest alle Fragen ausführlich schriftlich beantworten, denn du wirst auch zwischen den Zeilen mit Sicherheit Potenzial entdecken. Am Ende solltest du deine Antworten auf wenige Sätze komprimieren, sodass du dich und dein Unternehmen in einem kurzen Pitch bestmöglich präsentieren kannst.

Wenn Menschen es schaffen, in der TV-Show »Die Höhle der Löwen« in zwei Minuten ihr Geschäftsmodell so zu präsentieren, dass sie das Vertrauen der Investor:innen gewinnen und mit Investments von bis zu einer Million das Studio verlassen, dann erkennst du, welch großes Potenzial in einer guten Positionierung liegt.

Nimm dir die Zeit, die 15 genannten Fragen in Ruhe für dich zu beantworten!

#107 Ich habe nie was anderes gemacht

Im Sport und in der Kunst ist das am auffälligsten: Meistens kann man nur in einer Disziplin Weltklasse sein. Noch nie hat ein Grand-Slam-Gewinner ein Alpinski-Rennen gewonnen. Noch nie hat eine gefeierte Operndiva es zum Literaturnobelpreis geschafft – oder auch umgekehrt. Die wirklich Guten benutzen wenige Werkzeuge, doch diese beherrschen sie aus den Effeff.

Speziell in kleinen Betrieben ist es so, dass der Boss selbst beste:r Verkäufer:in oder beste:r Marketing- und Werbeleiter:in ist – und so selbst das Geld in das Unternehmen spült. Nicht immer kann man das ändern, und oft will man das auch nicht ändern – doch du kannst es optimieren.

Identifiziere deine Stärken und konzentriere dich darauf, diese bestmöglich zu nutzen. Wenn du gut im Schreiben von überzeugenden Texten bist, solltest du dich darauf konzentrieren, diese Fähigkeit zu verbessern und zu nutzen, anstatt Zeit damit zu verschwenden, andere Marketing-Tools zu erlernen.

Verstehe deine Zielgruppe und verwende nur die Werkzeuge und Methoden, die einfach und dennoch effektiv sind. Um deine Fähigkeiten zu verbessern und deine Werkzeuge besser zu beherrschen, ist es wichtig, in Schulungen und Fortbildungen zu investieren. Sportler:innen investieren das Zigfache an Zeit in Trainings, um im wichtigsten Moment das Beste abrufen zu können. Und: Konzentriere dich auf die Werkzeuge und Fähigkeiten, die am meisten Einfluss auf deinen Erfolg haben.

Alles, was dir als Unternehmer:in oder als Führungskraft keinen Spaß macht, das Unternehmen nicht weiterbringt oder kein Geld ins Unternehmen bringt, solltest du delegieren oder outsourcen und zukaufen. Zukaufen solltest du bei jenen, die in diesem Bereich besser sind als du selbst, oder von jenen, die dort sind, wo du hinwillst.

Wo liegt dein Fokus?

#108 Wir leben in verschiedenen Welten

Es ist nichts Neues, dass Jung und Alt sich nicht immer verstehen, das war wohl schon immer so. Doch früher traf man sich abends immerhin doch noch gemeinsam im Wohnzimmer, um sich vor dem und vom TV unterhalten zu lassen – der Fernseher als Lagerfeuer, um das sich alle versammelt haben. Das war einmal, heute lebt jeder in seiner eigenen Medienblase, leider oft auch innerhalb der Familie. Das Smartphone ist das neue Lagerfeuer, nur dass die Gruppe aus einer Person besteht. Jeder von uns konsumiert die für sich relevanten Medien, vielfach in digitaler Form und kaum noch gemeinsam. In den Blasen finden sich entweder Menschen mit gleichen Interessen oder Menschen mit ähnlichen demografischen Merkmalen.

Die Kommunikation innerhalb der Gruppen funktioniert bestens, die Kommunikation mit den anderen außerhalb der Blase hingegen gestaltet sich schwierig. Nehmen wir als Beispiel die verschiedenen Alterssegmente:

- 13 Prozent der Menschen in unserer Umgebung sind jünger als 15 Jahre. Für diese Gruppe erscheint alles, was es auf der Welt gibt, als normal und üblich.
- Wer zwischen 15 und 35 Jahre alt oder jung ist, dem erscheint jede Neuerung aufregend und revolutionär. Diese Gruppe umfasst 23 Prozent der Bevölkerung und muss vom Marketing ganz anders angesprochen werden als die Jüngeren oder Älteren.
- Das Gros der Menschen, nämlich 64 Prozent, ist älter als 35 Jahre, diese Gruppe lehnt Neuerungen oft ab, weil diese aus der Sicht dieser Menschen oft gegen die natürliche Ordnung verstoßen.

Natürlich hat jede Altersgruppe auch unterschiedliche Interessen. Umso wichtiger ist es, dass deine Kundenkommunikation treffsicher ist. Wer mit den Kund:innen zielorientiert kommunizieren will, muss wissen, in welcher Welt oder in welcher Bubble sie leben, wie sie kommunizieren und welche Sprache sie sprechen. Treffsichere Kommunikation bedeutet, dass du genau darauf achtest, in welcher Blase deine Kund:innen leben, und deine Storys spitz auf dieses Segment zuschneidest.

»We help X do Y by doing Z." Dabei ist X die Zielgruppe, Y das Problem und Z die Lösung.

#109 Wie heißt der Hund?

Ich mag es, wenn Tiere ungewöhnliche Namen haben, das macht es uns leichter, sie sich zu merken. Aus Filmen und Büchern kennen wir Hunde wie etwa Beethoven, Lassie, Susi und Strolch und Kommissar Rex. In diesen Geschichten spielt der Hund die Hauptrolle, doch es gibt auch einige berühmte Hunde in Nebenrollen, beispielsweise Idefix bei Asterix und Obelix und Rantanplan bei Lucky Luke. Mithilfe dieser Hunde gelingt es immer wieder, zum Publikum und zu den Leser:innen eine besondere Beziehung aufzubauen. Die Menschen lieben diese Hunde.

Oft sind es die scheinbar unwichtigen Details in einer Story, die dazu beitragen, eine Geschichte lebendiger und interessanter zu gestalten. Indem du besondere Details einfügst, die die Sinne und die Vorstellungskraft des Zuhörer- oder Leserpublikums ansprechen, lässt sich eine besondere Verbindung zu deinem Publikum aufbauen. So kannst du die Menschen emotional in die Geschichte hineinziehen. Viele Kund:innen sind Hunde- oder Katzenliebhaber, und so ist es möglich, über die sympathischen Vierbeiner Berührungspunkte herzustellen.

Darum gilt: Nutze scheinbar unwichtige Details, um eine Verbindung zur Zielgruppe herzustellen und ihre Aufmerksamkeit zu gewinnen. Baue Details über die Umgebung oder das Umfeld, in dem das Produkt genutzt wird, ein, um die Situation für die Zielgruppe lebendiger und realistischer erscheinen zu lassen. Ein gutes Beispiel dafür ist die Werbung für Outdoor-Produkte, bei denen die Umgebung und die Landschaft zu wichtigen Bestandteilen der Geschichte werden. Viele Outdoor-Produkte werden wiederum von Hundehaltern benutzt, weshalb es einmal mehr sinnvoll ist, diese in die Story einzubauen.

Du solltest jedoch darauf achten, nicht zu viele Details einzubauen, weil diese von der eigentlichen Botschaft ablenken oder diese zu verwässern drohen. Die Details sollten gezielt eingesetzt werden, um die Aussagen der Geschichte zu unterstützen und das Interesse der Zielgruppe zu wecken.

Im persönlichen Verkaufsgespräch mit Tierliebhabern ist es ein Muss, das Haustier in das Gespräch einzubeziehen. Personalisierung ist nicht nur ein Buzzword in der digitalen Welt, sondern auch ein mächtiger Hebel in der analogen Kommunikation.

#110 Frodo Beutlin, Katniss Everdeen und Co

Frodo Beutlin aus »Der Herr der Ringe«, Katniss Everdeen aus »Die Tribute von Panem«, Holden Caulfield aus »Der Fänger im Roggen« und Atticus Finch aus »Wer die Nachtigall stört« sind nur einige der ungewöhnlichen Namen, die wir uns genau gemerkt haben, wahrscheinlich auch du. Ungewöhnliche Namen in Geschichten und auch im Business für Produkte und Anwendungen können aus mehreren Gründen wichtig sein:

- *Einprägsamkeit:* Ein ungewöhnlicher Name kann sich besser im Gedächtnis des Publikums festsetzen und somit die Wiedererkennung des Charakters erleichtern.
- *Individualität:* Ein ungewöhnlicher Name kann einem Charakter Einzigartigkeit verleihen und somit seine Persönlichkeit und Identität stärker betonen.
- *Kulturelle Bedeutung:* Ein ungewöhnlicher Name kann kulturelle Bedeutungen und Hintergründe transportieren und somit zur Atmosphäre der Geschichte beitragen.
- *Symbolik:* Ein ungewöhnlicher Name kann auch symbolische Bedeutungen haben und somit zur Aussage der Geschichte beitragen.

Die Technik der Verwendung ungewöhnlicher Namen sollte auch im Marketing und in der Werbung eingesetzt werden, um das Interesse der Zielgruppe zu wecken und ihre Neugier zu fördern. König der ungewöhnlichen Namen ist sicherlich IKEA: Billy, das Bücherregal kennt man auf der ganzen Welt. Äppelkaka für den Apfelkuchen, Köttbullar für die Fleischbällchen, Lustifik für die Schuhablage, Hamarvik für die Matratze: Der IKEA-Erfolg ist wohl auch auf die kreativen Namensgebungen zurückzuführen.

Zumindest auf den Führungsetagen deutscher Unternehmen sind ungewöhnliche Namen noch nicht angekommen. Laut einer Untersuchung der Jobplattform Indeed sind das die TOP 15 Vornamen deutscher CEOs[41]: Andreas, Michael, Christian, Thomas, Alexander, Peter, Stefan, Frank, Katja, Martin, Christoph, Dirk, Matthias, Daniel und Oliver.

Braucht dein Produkt einen ungewöhnlichen Namen? Und welche könnten das sein? Welche weiteren Möglichkeiten gibt es, ungewöhnliche Namen für dein Storytelling zu nutzen?

#111 Der Sumoringer und das Baby

Ein Punk, der einen alten Mann über den Zebrastreifen begleitet. Ein kleiner Vogel, der auf dem Kopf eines Krokodils sitzt. Oder eine Frau, die in Designerklamotten, High Heels und einer Handtasche von Hermes durch die Bronx in New York spaziert: Das sind Fotomotive, die der eine oder andere vielleicht schon an Bürowänden gesehen hat oder sogar selbst bei sich zu Hause hängen hat.

Der Fachausdruck dafür nennt sich »Juxtaposition«[42]. Er beschreibt eine Technik, bei der zwei gegensätzliche Elemente oder Konzepte nebeneinander platziert werden, um eine emotionale Reaktion oder einen Kontrast zu erzeugen. Wenn du in deiner Story einen Sumoringer und ein Baby zusammenbringst, hast du schon fast gewonnen.

Und so kannst du diese Technik nutzen:

- *Problem und Lösung:* Zeige in der Story oder in deiner Werbung zunächst das Problem oder den Schmerz, den deine Kund:innen erleben – und dann präsentierst du die Lösung als die Antwort darauf. Diese Art von Juxtaposition kann deine Kund:innen dazu bringen, sich besser mit deinem Angebot zu identifizieren und es als unverzichtbar zu betrachten. Zum Beispiel im Werbespot der Klassenlotterie: Der Mann wohnt in einem Plattenbau und betrachtet die lärmenden Bauarbeiten vor seinem Fenster. In der nächsten Szene sitzt er mit einem Glas Champagner im Whirlpool seiner eigenen Privatjacht.
- *Unerwartete Paarungen:* Platziere zwei Elemente, die normalerweise nicht zusammenpassen, um eine starke visuelle Wirkung zu erzielen. Das ist oft in Modeanzeigen zu sehen, mit einem ungewöhnlichen Hintergrund oder einem ungewöhnliches Pärchen wird die Aufmerksamkeit der Betrachter:innen gewonnen. Die TV-Trashserie »Frauentausch« ist ein weiteres Beispiel.
- *Produktgegenüberstellung:* Ein Produkt kann mit einem Konkurrenzprodukt oder einer alternativen Lösung verglichen werden, um die Vorteile und Unterschiede hervorzuheben. Die Technik wurde und wird vielfach in der Wasch- und Reinigungsmittelwerbung eingesetzt.

- *Kontrastierende Bilder:* Bilder oder Szenen, die in einem starkem Kontrast zueinander stehen, können verwendet werden, um eine bestimmte Stimmung oder Emotion zu erzeugen. Zum Beispiel kann ein trauriges Bild mit einem fröhlichen Bild gegenübergestellt werden, um zum Nachdenken anzuregen.
- *Ironie:* Ironische Kontraste können eingesetzt werden, um eine Botschaft zu vermitteln oder das Publikum zum Lachen zu bringen. In der Werbekampagne »The Man Your Man Could Smell Like« nutzt das Unternehmen Old Spice den Kontrast zwischen einem muskulösen, gut aussehenden Mann und absurden Szenen, um humorvolle Ironie zu schaffen. Gerne werden auch Tiere für den Kontrast genutzt. Die Versicherungsgesellschaft GEICO nutzt oft Tiere in ihren Kampagnen und schafft dadurch einen Kontrast zwischen der Ernsthaftigkeit von Versicherungen und der kindlichen Unschuld von Tieren.
- *Zeitliche Kontraste:* Die Darstellung von Vergangenheit und Gegenwart kann genutzt werden, um den Fortschritt oder die Entwicklung eines Produkts, einer Marke oder einer Idee zu demonstrieren. In ihrer »A Holiday of Toys«-Kampagne aus dem Jahr 2019 nutzte Amazon den zeitlichen Kontrast, indem das Unternehmen eine nostalgische Atmosphäre schuf, die an ein typisches Weihnachtsfest in den 1970er-Jahren erinnerte, um ihre modernen Spielzeugangebote zu bewerben. Gleiches macht Coca-Cola oft in Weihnachtskampagnen. Nostalgische Szenen werden dann oft mit modernen Elementen verbunden.
- *Gegensätzliche Werte:* Eine Werbekampagne kann gegensätzliche Werte wie Luxus und Einfachheit, Freiheit und Sicherheit oder Tradition und Moderne gegenüberstellen, um eine bestimmte emotionale Reaktion zu erzeugen. In der »Mach es zu deinem Projekt«-Kampagne nutzte Hornbach den Kontrast zwischen der Ernsthaftigkeit von Bauprojekten und der Freude, die Menschen empfinden, wenn sie etwas mit ihren eigenen Händen erschaffen.

Juxtapositionen im Storytelling und im Verkauf sollten immer eine klare Botschaft vermitteln._

#112 Der Besuch in der Apotheke

Unweit meines Büros mitten in der Grazer Altstadt finden sich ringsum einige Apotheken, die meisten davon in schönen und prächtigen alten Häusern. Viele der Apotheken beherbergen alte Apothekerschränke aus dunklem Holz und unzähligen Laden und Messinghandgriffen. Zwar befindet sich dahinter meist eine überaus moderne Logistiklösung, doch für mich und meine Augen sind diese alten Schränke einfach sehr schön.

Wenn ich mit einem kleinen Problem in die Apotheke komme und um Rat frage, hören mir die Pharmazeut:innen aufmerksam zu, fragen nach und empfehlen mir ein Produkt, das sie dann aus einer der hundert oder tausend Laden holen. Für jedes Wehwehchen findet sich das passende Medikament in einer exakt definierten Schublade.

Die Struktur, dass es eine Lade gibt, in der genau das richtige Hilfsmittel für ein Problem liegt, kannst du auf den Verkauf, das Marketing und dein Storytelling übertragen.

Dieses Buch entstand durch eine ähnliche Strategie. Über Monate und Jahre habe ich Rezepte und Lösungen aus der Welt der Kommunikation, des Marketings, des Verkaufs und des Storytellings gesammelt: in verschiedenen, vordefinierten Schubladen (Ordnern), und immer, wenn ein Kunde ein Problem hatte oder einen wirtschaftlichen Schmerz verspürte, hatte ich das dafür passende Mittel parat. Und all diese Mittel sind nun auch in dieses Buch eingeflossen.

Die allermeisten Unternehmen sind auf die Behandlung von eher wenigen Problemen spezialisiert. Der Tischler schafft Lebensräume, der Bestatter sorgt für einen würdevollen Abschied. Das bedeutet, Kund:innen kommen mit wenigen Problemen zu dir, haben einige wenige Fragen und bezüglich deiner Antworten auch nur einige wenige Einwände. Und dennoch schaffen es viele Unternehmer:innen nicht, bildlich gesprochen einen Schrank zu bauen und die Schubladen mit Kundenlösungen zu füllen. Obwohl ein Apothekerschrank weitaus mehr Laden hat …

Wie viele Schubladen sind notwendig, um für die Probleme deiner Kund:innen Lösungen zu haben? Womit müssen die Laden gefüllt sein?

#113 Da werden Sie geholfen

Wer erinnert sich nicht an Werbespot von Verona Pooth für die Telefonauskunft 11880? Ihr Spruch »Da werden Sie geholfen« ist bis heute Kult! Und viele fragen sich immer noch: Ist die einstige Frau Feldbusch im Leben auch so, wie sie damals vorgab? Mit Sicherheit nicht, sie ist einfach clever und hat mit ihrer gespielten Art und Weise gutes Geld verdient.

Der Spot ist wohl auch deshalb erfolgreich gewesen, weil wir Menschen uns immer freuen, wenn uns Hilfe zuteilwird. Aus dieser Erkenntnis hat Google einst das Help-Hub-Hero-Konzept als Strategie des Content Marketings entwickelt. Es beschreibt eine Methode, um potenzielle Kund:innen auf der Customer Journey zu begleiten, indem man ihnen nützliche Inhalte und Hilfe entlang der Entscheidungsfindung bietet: Help, Hub und Hero (ein Dreierschritt, du kennst das schon). Im Einzelnen:

- *Help:* In dieser Rolle geht es darum, Kunden zu helfen, indem man Fragen beantwortet, Probleme löst und Ressourcen bereitstellt. Help ist ein wichtiger Bestandteil der Kundenkommunikation, da es Vertrauen aufbaut und Kund:innen von den Vorteilen des Produkts oder der Dienstleistung überzeugt.
- *Hub:* Hub ist eine Plattform oder ein Ort, an dem Kund:innen auf relevante und nützliche Inhalte zugreifen können. Dies kann eine Website, ein Blog oder eine App sein.
- *Hero:* Heroes sind die Kund:innen selbst – du erinnerst dich an die Heldenreise. Durch Help und Hub können Kund:innen die Probleme selbst lösen. Sie können aber auch zum Hero werden, indem sie das Produkt oder die Dienstleistung des Unternehmens nutzen und dadurch ihre Ziele erreichen.

In »Da werden sie geholfen« ist Verona Feldbusch »Help«, indem sie das Vertrauen zum Unternehmen 11880 herstellt und ihr Publikum von der Dienstleistung überzeugt. 11880 ist »Hub«, die Plattform, auf der geholfen wird. Anrufer:innen erhalten die gesuchte Information und kehren als »Heroes« wieder in den Alltag zurück.

Wie kannst du das Help-Hub-Hero-Konzept für dein Storytelling nutzen?

#114 Schneiden und Wachsen

Weinstöcke werden jeden Winter geschnitten, um Platz für neue, kraftvolle Triebe zu schaffen, das verbessert die Gesundheit der Rebstöcke und steigert die Produktivität und die Qualität und sorgt dafür, dass auch der kommende Jahrgang wieder erstklassig wird.

In meinem Unternehmen praktiziere ich die Methode des Schneidens und Wachsens insofern, als ich mich am Jahresende von zwei Kund:innen trenne. Kund:innen, mit denen wir mehr Aufwand als Ertrag haben, bei denen es nicht mehr rundläuft und wir überproportional Energie aufwenden müssen, um sie und unsere Betreuung auf einem guten Level zu halten. Auch solche, die nicht das Potenzial entwickeln, das wir es vorstellen, und manchmal haben wir bezüglich dieser Kund:innen auch keine Ideen mehr, wie wir ihnen weiterhelfen können. In den meisten Fällen ist das für alle Beteiligte befreiend, und auf unserer Seite schafft es wieder Raum für neue Kunden, frische Ideen und die Lust, Neues umzusetzen.

Im Marketing ist das Schneiden und Wachsen auch bekannt als »Cut and Grow«, eine Strategie, die darauf abzielt, die Effizienz von Marketingaktivitäten zu erhöhen, indem weniger effektive Methoden gestrichen und gleichzeitig neue Methoden implementiert werden, um das Wachstum des Unternehmens voranzutreiben. Es geht dabei um eine Neuausrichtung der Marketingstrategie, um so die Ressourcen und Budgets effektiver zu nutzen und gleichzeitig neue Kund:innen zu gewinnen und bestehende zu halten.

Im Verkauf geht es auch darum, genau zu analysieren, welche Kanäle gestrichen oder optimiert werden: Ab wann lohnt sich ein persönlicher Besuch, wie effizient ist der Telefonverkauf, braucht es das enge Filialnetz oder kann ich Verkauf und Service auch anders gewährleisten?

! **Bei Rebstöcken und Bäumen wird durch das Schneiden neue Energie mobilisiert, ein Baum, der nicht mehr wächst, stirbt. Wo im Unternehmen solltest oder musst du schneiden, damit wieder Neues entsteht?**

#115 Ja, aber …

Wie oft beginnt eine Antwort mit »Ja, aber …«? Spannender noch: Wie schnell kommen diese Worte deinem Gegenüber über die Lippen? Wie häufig kommt es vor, dass du ein Angebot vorstellst, bei Weitem noch nicht alles dazu gesagt hast und die Kund:innen bereits mit einem »Ja, aber« zu einer ausufernden Kritik oder einem Einwand ansetzen?

Von Stephen R. Covey soll der folgende Satz stammen: »Die meisten Menschen hören nicht zu, um zu verstehen, sondern um zu antworten.« Doch die Einwände und Kritiken unserer Kund:innen sind enorm wichtig für die Weiterentwicklung der Produkte, und oft auch für die persönliche Weiterentwicklung. Und auch zu lernen, wie mit unqualifizierter Kritik umgegangen werden sollte, ist für das persönliche Wachstum wichtig.

Du solltest dich daher bemühen, konstruktives Feedback von unqualifizierter Kritik zu unterscheiden. So stellst du sicher, dass du auf relevante Punkte angemessen reagierst und deine Erkenntnisse und Entscheidungen entsprechend anpasst. Eine professionelle Antwort auf Kritik stärkt zudem das Vertrauen zwischen dir und den Kund:innen, die sich kritisch äußern oder Einwände vortragen. Dein Gegenüber merkt, dass du ernsthaft an der Lösung seines Problems interessiert bist und du seine Bedürfnisse, Ängste und Sorgen wahrnimmst.

Wann musstest du das letzte Mal harsche Kritik einstecken? Schreib diese Kritik nochmals auf ein Blatt Papier – und, ganz wichtig, schreib auch dazu, was du so gelernt hast!

Nun solltest du sehr selbstkritisch, vielleicht mit einer zeitlichen Distanz, deine Argumentation und Kommunikation neu strukturieren und eventuell auch neu ausformulieren.

#116 Denke nicht für andere Menschen

Gib deinen Kund:innen, was sie haben wollen, und nicht, was du glaubst, was sie sich leisten können.

Wir Menschen neigen dazu, unser Gegenüber zu beurteilen: Wir schätzen andere ein – nach ihrer Kleidung, nach dem Aussehen, nach den ersten gesprochenen Sätzen und so weiter. Und allzu oft liegen wir mit unserem Urteil weit daneben! Die Beurteilung von Kund:innen ist im Verkauf weit verbreitet – man denkt dann oft zu schnell: »So, wie dieser Kunde aussieht, wie er gekleidet ist, kann er sich das kaum oder nie leisten.« Doch vielleicht legt dieser Kunde keinen Wert auf schicke Kleidung, aber den Porsche wollte er immer schon haben, und das nötige Geld hat er bar dabei!

Andere wiederum – sie sind vielleicht teuer gekleidet, um Leute zu beeindrucken, die sie nicht mögen – können sich dein Premiumangebot nicht leisten. Aber aufgrund deiner falschen Beurteilung angesichts bestimmter Äußerlichkeiten investierst du eine Menge Zeit, bevor du die Zwecklosigkeit deiner Bemühungen erkennst.

! Hör damit auf, Menschen nach dem Äußeren zu beurteilen, oder danach, wie sie sprechen oder sich präsentieren. Hör stattdessen einfach gut zu! Finde im intensiven Vieraugengespräch heraus, was deine Zielgruppe anspricht.

8

Warum nicht einfach mal machen! Das richtige Mindset für Erfolg im Business

Kennst du die Geheimnisse der Preisgestaltung? Weißt du, warum die Speisekarte deines Lieblingslokals keine Euro-Zeichen zu kennen scheint? Übst du schon die positive Wortwahl? Weißt du, warum die »goldene Mitte« auch auf der Siegerstraße erstrebenswert ist und warum du keine makellose Figur für die Bikini-Strategie brauchst? Nein? Kein Problem! All dies erfährst du in diesem Buchfinale.

Du erfährst aber auch, dass du, wenn du mal angefangen hast »zu machen«, dranbleiben musst. Auch dazu serviere ich dir jetzt knackige Tipps und Tricks.

#117 Das Mondschwein

Im Jahr 1999 gründete Nick Jenkins das Unternehmen Moonpig[43], einen Onlineshop für Grußkarten und dem passenden Geschenk für jeden Anlass. Der Hauptsitz des Unternehmens ist London, doch mittlerweile ist Moonpig auch in den USA, Australien und den Niederlanden tätig. Du suchst online die Karte für den entsprechenden Anlass, gibst den Text ein oder übernimmst einen der vielen Vorschläge, unterschreibst und klickst auf »Versenden«. Moonpig druckt die Karte in der gewünschten Anzahl und schickt sie dir zu. Nun kennt die Plattform den Anlass deiner Bestellung und schlägt dir gleich passende Geschenke vor – mittlerweile macht das Unternehmen über 60 Prozent des Umsatzes mit den passenden Geschenken. 2020 betrug der Umsatz 430 Millionen Euro, im Februar 2021 ging Moonpig an die Börse, der aktuelle Marketcap beträgt über eine Milliarde Euro.

Woher stammt der Name Moonpig? Nick Jenkins wurde von seinen ach so netten Mitschülern Moonpig genannt, denn diese meinten, sein Gesicht sehe so aus wie eine Mischung aus einem Mondgesicht und einem Schwein. Das Wort »Mobbing« hatte in den 1980er- und 1990er-Jahren bei Weitem noch nicht die Bedeutung wie heute, aber wir dürfen sicher sein, dass Nick Jenkins darunter litt und sein Unternehmen wohl auch darum »Moonpig« nannte, weil er es allen zeigen wollte.

Firmengründer:innen und Unternehmen geben horrende Summen dafür aus, dass ihr Unternehmen einen klingenden Namen hat. Sie investieren Unsummen in die Marktforschung, in die meistens sinnbefreite Beschreibung des Unternehmenszwecks – und vor allem in die Logogestaltung. Aber niemand kauft, weil das Logo orange ist oder am Logo die Ecken abgerundet sind.

Zurück zum Thema der klingenden Namen: WPP ist das weltweit größte Werbe- und Marketing-Unternehmen. WPP steht für »Wire and Plastic Products«, was auf die Gründungsgeschichte zurückzuführen ist. Der Gründer Martin Sorrell hatte es 1971 sehr eilig und übernahm eine leere Firmenhülle namens »Wire and Plastic Products«. Ich behaupte, dass das Unternehmen nicht wegen, sondern trotz seines Namens so erfolgreich war und ist. Sicherlich: In den Storys #109 und #110 habe ich auf die Bedeutung außergewöhnlicher Namen für dein Storytelling hingewiesen. Oft aber gilt:

Der Namen des Unternehmens hat manchmal überhaupt keinen Einfluss auf den Erfolg!

#118 Sortenrein und handverlesen: Preise anders aussehen lassen

Dass du mit Worten vieles bewirken, manchmal das Gehirn in die Irre führen und Menschen davon überzeugen kannst, dass dein Produkt und dein Angebot genau zueinander passen, das weißt du nun schon sehr gut. Wovor allerdings viele im persönlichen Gespräch Angst haben, oder sich auch bei der Darstellung im Onlineshop schwertun, ist die Nennung des Preises. Mein Tipp: Lass Preise einfach anders aussehen!

Der Prestige-Preis

Wenn du jemanden fragst, ob eine Flasche Wein für 9,90 Euro weniger gut schmeckt als eine Flasche für 29,90 Euro, wird die Antwort höchstwahrscheinlich sein, dass die teurere Flasche etwas Besonderes sein muss. Allerdings hat der Preis rein physikalisch keinen Einfluss auf unseren Geschmack. Es gibt kleine Weinbauern mit besonderen Lagen, die aufgrund ihrer Produktionsmenge einen höheren Preis verlangen müssen, aber das bedeutet nicht unbedingt, dass ihr Wein besser schmeckt. Trotzdem neigen Menschen dazu, höhere Preise mit höherer Produktqualität zu verbinden. Dies kannst du mit einer guten Story verstärken.

»Kürzere« Preise

39,10 ist kürzer als 37,79: Unser Gehirn muss wohl bei der Aussprache eines Preises mehr Arbeit leisten, je mehr Silben der Preis hat. Daher glauben wir, dass »längere« Preise die höheren sind. Wenn du also Preise mit weniger Silben verwendest, kannst du dir Kunden gewogener machen.

Der Jubiläumsrabatt

Kund:innen sind heutzutage nicht mehr so leicht mit Rabatten, die scheinbar grundlos gewährt werden, wie zum Beispiel bei saisonalen Preisnachlassen, zu beeindrucken. Sie könnten vermuten, dass man die Preise vorher künstlich erhöht hat, um dann mit großzügigen, aber sinnlosen Rabatten zu werben. Um dem entgegenzuwirken, solltest du Gründe für den Rabatt liefern, eben ein Jubiläum oder den »Rabatt zum Women-Day«.

Das Währungszeichen

In der Gastronomie sieht man das oft, dass einfach nur eine Zahl hinter dem Gericht in der Speisekarte steht. Das Euro-Symbol wird oft mit dem Ausgeben von Geld assoziiert und erinnert unbewusst daran, dass man etwas von seinem eigenen Geld ausgibt. Verzichte auf Währungszeichen, um zum Kauf zu ermutigen. Im Onlineshop kannst du das Währungssymbol zumindest so weit verkleinern, dass es nur noch so gerade erkennbar ist.

Positive Wörter

Viele fassen die Vorteile ihres Produkts unmittelbar neben dem Preis zusammen. Es ist jedoch wichtig, darauf zu achten, welche Sprache du verwendest. Beispielsweise kann der Ausdruck »hoher Vitamin-C-Anteil« schnell gelesen werden, aber er kann auch ungewollt den Eindruck erwecken, dass das Produkt teuer ist. Um günstiger zu wirken, solltest du dich stattdessen auf andere Vorteile wie »nur 0,1 % Fett« konzentrieren. Dieser Ausdruck suggeriert einen attraktiveren Preis und kann daher in der unmittelbaren Nähe des Preises platziert werden, um eine positive Beeinflussung herbeizuführen.

Sortenrein und handverlesen

Hühnerfleisch kann per Kilo 19,90 kosten oder auch nur 12,90, doch was ist der Unterschied? Bei der Betrachtung des Preises spielt nicht nur die Frage nach dem persönlichen Wert des Produkts eine Rolle, sondern auch die Überlegung, ob das Unternehmen einen angemessenen Preis bezüglich seines Aufwands berechnet. Es ist daher hilfreich, wenn du auf versteckte oder implizite Kosten des Produkts hinweist. Wenn beispielsweise ein Produkt »100 Prozent biologisch« ist, rechtfertigt dies einen höheren Preis. Auch die Eigenschaften »sortenrein« oder »handverlesen« können den Preis eines Produkts erhöhen. Indem du solche Komponenten in die Argumentation einbeziehst, kannst du deine Kund:innen von einem höheren Preis überzeugen.

Es geht immer positiv, einladend und nett

Wenn ich mittags oder abends ein Restaurant oder Café betrete und auf fast allen Tischen ein Reserviert-Schild steht, denke ich: »Hier bin ich nicht willkommen!« Positiv, einladend und einfach nett hingegen klingt ein »Frei bis 20 Uhr«. Nicht nur beim Preis ist es klug, stets Formulierungen zu verwenden, die bei den Kund:innen angenehme Assoziationen auslösen – dazu ein paar Beispiele:

- »Leider ist das Produkt nicht verfügbar.« Besser ist: »Dieses Produkt ist bald wieder auf Lager.«
- »Keine Rücknahme möglich!« Besser ist: »Unsere Rücknahmegarantie gilt für ausgewählte Produktgruppen.«
- »Die Anwendung ist begrenzt auf …« Besser ist: »Dieses Produkt hat viele Anwendungsbereiche.«
- »Informationen zu den Versandkosten finden Sie in den AGBs.« Besser ist: »Für eine geringe Versandgebühr bieten wir eine schnelle Lieferung.«
- »Das Produkt ist nicht zertifiziert für …« Besser ist: »Wir arbeiten an der Zertifizierung für …«
- Mein Favorit: »Leider ausverkauft!« Besser ist: »Ihr Lieblingsprodukt ist in wenigen Tagen wieder erhältlich!«

Wie lautet Dein Favorit? Trainiere es, die Dinge positiv, einladend und nett auszudrücken.

#119 Weniger ist mehr

Verkostungen sind beliebt: Kund:innen können vorab testen und kaufen dann die Produkte. So einfach, so klar – oder doch nicht?

Die US-Supermarktkette Draeger's veranstaltete einmal eine Promotion für Marmelade[44]: Auf einer Theke wurden sechs köstliche Marmeladen zum Testen bereitgestellt. Aus der Vergangenheit wusste man bereits, dass 40 Prozent aller Kund:innen ihren Einkaufsbummel gerne unterbrechen, um die verschiedenen Marmeladen zu kosten. Rund zwölf Prozent dieser genussfreudigen Tester:innen kauften im Anschluss auch die Marmelade, die sie sich gratis auf der Zunge zergehen lassen durften.

Also dachte das Marketingteam weiter. Wenn wir mehr Auswahl anbieten, sollte es doch auch mehr Umsatz geben?! Man stellte statt sechs Marmeladen nun 24 Marmeladen zum Kosten bereit. Nun blieben mehr als

60 Prozent der vorbeiflanierenden Kunden stehen, um die süßen Köstlichkeiten zu probieren, doch: Nur zwei Prozent kauften ein! Was war geschehen? Anstatt mit mehr Auswahl mehr Käufe zu erreichen, kam es zu einem »Overload«: Die Menschen wurden überfordert und konnten sich entweder nicht entscheiden oder es verging ihnen ganz generell ob der dargebotenen Geschmacksvielfalt die Lust am Kaufen.

In einem Experiment von Frédéric Brochet – das ist ein französischer Psychologe, der an der Université de Bordeaux arbeitet –, mit Kund:innen, die eine Weinprobe hatten, wurden zwei Gruppen gebeten, Weine zu bewerten. Eine Gruppe hatte sechs Weine zur Auswahl, die andere Gruppe 24. Die Gruppe mit sechs Weinen bewertete die Weine insgesamt besser als die Gruppe mit 24 Weinen.[45]

Weniger ist mehr: Wenn man dieses Experiment auf Bewertungsumfragen umlegt, so solltest du zum Beispiel weniger Auswahlmöglichkeiten bieten, um besser bewertet zu werden.

#120 Die Mitte ist der beste Deal

Meine Erfahrung ist: Wenn Menschen zwischen zwei Varianten wählen können, dann werden sie sich meistens für das günstigere Angebot entscheiden. Es werden wohl um die zwei Drittel sein. Da kannst du als Verkäufer:in noch so gut argumentieren und auch ein Profi in der Einwandbehandlung sein – die Sicherheitsvariante ist das günstigere Angebot, denn die meisten denken sich: »Ich kann später immer noch auf eine bessere und teurere Variante umsteigen«. Für dich bedeutet das, dass du im Erstverkauf eine Menge Umsatz liegen lässt und vielleicht erst später durch ein Upgrade das Produkt an die Kund:innen bringen kannst, um so auch den besten Deckungsbeitrag erzielen zu können.

Doch wie kannst du es besser machen? Ich verrate es dir: Kreiere drei Pakete in der Größe von S, M und XXL. Ein Beispiel: Du hast ein Abo-Angebot von 49,90 Euro als Basisangebot, ein aufgewertetes Standard-Abo mit Extras für 69,90 Euro und ein Premium-Deluxe-Abo für 109,90 Euro mit sehr, sehr vielen Extras.

Wenn du nur die zwei Alternativen von 49,90 Euro und 69,90 Euro bietest, greifen rund 70 Prozent der Kunden zum günstigeren Abonnement, also schätzungsweise jene zwei Drittel. Im von mir vorgeschlagenen Dreier-Modell greifen nun aber knapp 70 Prozent zum M-Abo für 69,90 Euro, denn die meisten Kund:innen denken sich: »Das Billigste nehme ich nicht, Premium-Deluxe ist übertrieben teuer, für mich reicht das Standard-Abo.«

Wichtig ist, dass der Schritt von M zu XXL wirklich groß ist und Preis sowie Leistung entsprechend weit auseinanderliegen. Es soll und muss eine große Lücke sein, und es wird immer einige wenige Personen geben, die auch das hochpreisige Premium-Paket kaufen. Doch für deine Strategie dient das XXL-Abo einzig dazu, das M-Abo attraktiver zu machen und zu verkaufen. Du wirst sehen: Du verkaufst um ein Vielfaches mehr von der goldenen Mitte – jenem Abo, das für dich den besten Deckungsbeitrag und den besten Gewinn bringt.

Biete die goldene Mitte an!

#121 Wie viele Wochen hat ein Monat?

Selten, doch immer wieder einmal kommt es vor, dass Abonnements mit dem Preis pro Woche angeboten werden. Und der Telekommunikationsanbieter A1 bietet den B.free-Tarif nicht für einen Monat, sondern für 30 Tage an und »verkürzt« somit das Jahr auf 360 Tage – wir allerdings denken mehrheitlich bei 30 Tagen an einen ganzen Monat.

Besser noch wirkt sich diese (kleine) Manipulation aus, wenn du den Preis pro Woche angibst, deine Konkurrenz aber pro Monat. Ein Beispiel: Ein Premium-Fitnessclub bietet die Basismitgliedschaft für 24,90 Euro pro Woche an, die Mehrheit macht es sich einfach und rechnet das »mal vier Wochen« und kommt so auf einen Monatsbeitrag von 99,60 Euro. Ein Mitbewerber – ebenso ein Premium-Club mit gleichen Leistungen – bietet das Monatsabo für 99,90 Euro an. Für die Konsument:innen ist der Unterschied kaum sichtbar, für die Betreiber ist er angesichts der hohen Anzahl der Kund:innen riesig.

Weil wir es uns einfach machen und vier Wochen für einen Monat rechnen, zahlen wir bei dem Wochenabo um 24,90 Euro einen um fast acht Prozent höheren Jahresbeitrag von 1.294,80 Euro. Monatszahler:innen jedoch überweisen nur einen Beitrag von 1.198,80 Euro.

Das bedeutet bei 2.000 Abonnent:innen einen Mehrumsatz von 192.000 Euro. Da kaum mehr Kosten anfallen, macht man dann auch um 192.000 Euro mehr Deckungsbeitrag oder Gewinn!

Außerdem: 24,90 Euro – das klingt verlockend wenig, und du bist weit von einem Schwellenpreis nahe 100 Euro entfernt.

Auch der oft angebotene Gratismonat verkürzt sich, wenn du stattdessen »Vier Wochen gratis testen!« anbietest: Das mag auf den ersten Blick nicht viel erscheinen, doch je nach Geschäftsmodell bringt das, wie oben schon dargestellt, attraktive Mehreinnahmen. Und weil »vier« mehr ist als »eins«, klingen »Vier Wochen gratis testen!« zudem besser als »Einen Monat gratis testen«

Welche Möglichkeiten hast du, um das dargestellte Prinzip zu nutzen?

#122 Von »Dumm und faul« bis »Klug und fleißig«

»Ich unterscheide vier Arten. Es gibt kluge, fleißige, dumme und faule Offiziere. Meist treffen zwei Eigenschaften zusammen. Die einen sind klug und fleißig, die müssen in den Generalstab. Die nächsten sind dumm und faul, sie machen in jeder Armee 90 Prozent aus und sind für Routineaufgaben geeignet. Wer klug ist und gleichzeitig faul, qualifiziert sich für die höchsten Führungsaufgaben, denn er bringt die geistige Klarheit und die Nervenstärke für schwere Entscheidungen mit. Hüten muss man sich vor dem, der gleichzeitig dumm und fleißig ist, dem darf man keine Verantwortung übertragen, denn er wird immer nur Unheil anrichten.« So General Kurt von Hammerstein-Equord auf die Frage, nach welche Kriterien er seine Offiziere bewerte.[46]

Was bedeutet das in der heutigen Zeit? Zunächst weiß ich, dass die Leser:innen dieses Buches in die Kategorie »Klug und fleißig« gehören, die Stufen davor überlasse ich deiner Interpretation und Fantasie.

»Klug und fleißig« sitzt im Labor, ist Assistent:in einer hochrangigen Führungskraft, ist selbst Führungskraft oder auch in der Geschäftsführung angestellt und macht Überstunden – und einen tollen Job und hofft, dass es irgendwann mal auffällt. Der Chef oder die Eigentümerin des Unternehmens sitzt bereits im besten Lokal der Stadt, und »Klug und fleißig« sitzt immer noch vor den Excelsheets. Der Dank für jede präzise beantwortete Frage sind zwei neue Fragen, die wiederum bestens beantwortet werden.

»Klug und faul« hat es gelernt, sich zu organisieren, und kennt die Kollegenschaft und Mitarbeiter:innen, die das Problem lösen können. Kluge Faule machen sich frei von Routineaufgaben, konzentrieren sich auf das Wesentliche und nehmen sich die Zeit, um am Unternehmen, an sich selbst und an der Karriere zu arbeiten, anstatt zwölf Stunden im Unternehmen zu arbeiten. Kluge Faule bezahlen kluge und fleißige Mitarbeiter:innen oft sehr gut, denn je mehr diese arbeiten, desto weniger müssen sie selbst es tun.

Wenn du ganz nach oben willst, dann musst du lernen, Arbeit abzugeben, du musst lernen, anderen zu vertrauen, und du musst lernen, loszulassen. Wenn deine Umgebung denkt, dass du das doch selbst machen könntest, doch du nur zu faul dafür bist, dann bist du nahe dran am Ziel.

#123 Interessant ist, was du nicht siehst: die Bikini-Strategie

Stell dir eine wunderschöne Frau an einem Sandstrand in der Karibik vor. Diese Frau trägt einen ebenso wunderschönen Bikini, du siehst mehr als 90 Prozent sonnengebräunte, beinahe makellose Haut, ein wahrlich schöner Anblick. Natürlich kannst du das auch umdrehen, stell dir Robert Downey jr. vor oder George Clooney, Florian Silbereisen oder wen auch immer. Eines bleibt gleich: Du siehst rund 90 Prozent und die restlichen 10 Prozent bleiben verdeckt.

Der Begriff »Bikini-Strategie« wurde durch den französischen Autor Jacques Séguéla[47] geprägt, der ihn in seinem Buch »L'art de la simplicité« (Die Kunst der Einfachheit) beschrieb. Séguéla verglich die Bikini-Strategie mit dem Test einer Atombombe, bei dem man nur eine kleine Bombe zundet, um die Wirkung zu testen und das Interesse der Menschen zu wecken. Das heißt, bei der Bikini-Strategie wird nur ein Teil des Produkts oder der Information preisgegeben, um das Interesse der Menschen zu wecken und sie dazu zu bringen, mehr erfahren oder das Produkt kaufen zu wollen. So wurde die Bikini-Strategie zu einem populären Begriff in Marketing und Verkauf.

Die Automobilindustrie verwendet die Bikini-Strategie gerne als Teaser-Kampagne für neue Modelle, indem sie nur teilweise Einblicke in diese Modelle gibt. Es werden Teaser-Videos oder Bilder von neuen Modellen veröffentlicht, um das Interesse zu wecken und die Kund:innen dazu zu bringen, das Fahrzeug zu kaufen oder zumindest für eine Probefahrt im Autohaus vorbeizukommen. Die besten Beispiele sind sicherlich die Trailer für neue Filme oder Serien, die du auf Netflix, im TV oder in den Kinos siehst. Das Motto dabei ist: »90 Prozent sehen bringt nichts, 90 Prozent lesen bringt auch nichts – der Erfolg wird erst wahrscheinlich, wenn du die Kund:innen auch ins Tun bekommst.«

Überlege, wie du deine Kund:innen durch das neugierig (und kaufwillig) machst, was du sie NICHT sehen lässt.

#124 Wie sage ich es nur? Das Kontrast-Prinzip

Was hältst du von diesem Brief einer Tochter an ihre Eltern?

»Liebe Mama, lieber Papa,
ich bin etwas schreibfaul geworden, doch für einige Zeit konnte ich auch nicht schreiben. Ich lag schwer verletzt im Krankenhaus, nachdem ich im Treppenhaus über zwei Etagen in die Tiefe gestürzt bin. Doch mittlerweile ist mir Rafna eine große Stütze geworden, und es geht mir auch wieder sehr gut. Rafna ist mein Freund und bald auch mein Mann, er kommt von außerhalb Europas, und nein, er kommt nicht aus gutem Haus … Wie gesagt, wir wollen heiraten, wenn es mit der Aufenthaltsgenehmigung klappt; an dieser hapert es noch, da sich Rafna in seiner Orientierungsphase leider mit den falschen Freunden getroffen hat und irrtümlich mit dem Gesetz in

Konflikt geraten ist. Wir sind jedoch zuversichtlich, dass sich dies in Wohlgefallen auflösen wird, denn schließlich will Rafna bei der Geburt unseres Sohnes dabei sein. Ja, ihr werdet Großeltern …

Liebe Mama, lieber Papa, nichts davon ist wahr, ich bin kerngesund, nicht schwanger und kenne keinen Rafna; es gibt nur eins, das ich euch sagen muss: Ich habe mein Jura-Studium an der Uni hingeschmissen und eine Lehre als Gärtnerin begonnen. Ich wollte nur, dass ihr das im richtigen Verhältnis seht, es hätte ganz anders kommen können.«

Das folgende Beispiel veranschaulicht das Kontrastprinzip im Business:

Ein Mann betritt eine edle Herrenboutique und nennt zwei Wünsche: einen dunklen Anzug und einen dunklen Pullover. Im Normalfall wird ihm zuerst der Pullover angeboten, denn das Verkaufspersonal denkt sich: »Das ist gleich verkauft, und dann bleibt mehr Zeit für den Anzug.« Besser jedoch ist die umgekehrte Reihenfolge: Beginne mit dem teureren Produkt. Wenn der Mann einen Anzug für 600 Euro kauft, fühlt sich der Pullover für 120 Euro günstig an. Und diesen Effekt erzielst du durch den Preiskontrast.

Nutze den Kontrast zwischen »schlimm« und »harmlos«, zwischen »viel« und »wenig, zwischen »teuer« und »preiswert«.

#125 Als Kind warst du eine Spitzenverkaufskraft: Werde wieder zum Kind

Ein Papa ist mit seinem sechsjährigen Kind im Supermarkt. Nahe der Kassen ist das Zeitungsregal mit den Heftchen der aktuellen Superhelden. Das Kind fragt: »Papa, darf ich das neue Superman-Heft haben?« Papa sagt: »Nein.« Das Kind. »Papa, bitte, darf ich das neue Heft?« Und Papa sagt zum zweiten Mal: »Nein.« »Papa, das andere Heft hab ich schon zwei Mal durchgeblättert, bitte, Papa!« Das dritte »Nein« bekommt einen sehr bestimmten Ton. Manchmal schaltet sich sicherheitshalber auch noch die Mutter ein und buchstabiert das »N.E.I.N.« (Weil manche Papas vielleicht schon beim dritten Mal »Ja« sagen.) Doch das Kind hat den Abschluss (um in der Verkäufersprache zu bleiben) noch nicht gemacht und fragt weiter: »Warum denn nicht?«

Hinter dem »Nein« gibt es immer einen Grund – als Kind fragst du direkt danach, im Business stellst du die Frage in einer eleganteren Form. Die Mutter sagt: »Du hast doch schon mehr als 20 Hefte in deinem Zimmer« – und nun kommt die große Chance, das Kind muss nur noch den Einwand überwinden, um zum »Ja« zu kommen, und meint: »Aber Mama, wir lernen doch gerade das Lesen in der Schule!« Die Mama sagt jetzt: »Ach, ich weiß nicht …«, und das Kind: »Bitte, bitte, ich will doch sooooooooo gern lesen lernen!« Und Mama und Papa sagen: »Na gut, aber dann gibt es länger mal nichts«.

Das Kind erhält den Zuschlag, es hat vier oder fünf Neins überstanden, war fokussiert auf den Auftrag, und auch sieben Neins hätten das Kind nicht vom Ziel abgebracht.

Denk an deine Kindheit zurück: Wenn du unbedingt etwas haben wolltest, hast du öffentliche Blamage, auch Bestrafung und verbale Entgleisungen auf dich genommen. Und am Ende kam in vielen Fällen das Ja! Allerdings: Irgendwann zwischen den ersten Schultagen und dem Druck deiner ersten Visitenkarte hast du vergessen und verlernt, wie hartnäckig du früher gekämpft hast, um das zu bekommen, was du wolltest.

Wie oft hast du gegen Fernsehverbot, Handyverbot oder Ausgehverbot gekämpft? Und wie oft hast du das »Nein« doch noch in ein Ja umgewandelt? Das waren richtige Verkaufsgespräche, denn es gab Einwände, es kam immer wieder zu einem Nein – doch du bist hartnäckig geblieben. Am Ende zählten das Ja und der Abschluss. Es ist gut möglich, dass deine Abschlussquote als Kind bei 90 Prozent lag. Und wie würde es dir nun gehen, wenn auch jetzt deine Abschlussquote im Business bei 90 Prozent liegen würde?!

Im Business, egal ob online oder analog, benötigen wir im Schnitt rund sieben Kontakte oder manchmal auch sieben Neins, bis die Kund:innen Ja sagen und kaufen. Doch mehr als 50 Prozent der sogenannten Verkäufer:innen geben beim ersten Nein bereits auf, und mehr als 80 Prozent beim zweiten Nein … Bist du noch da?

Elf Einwände – und noch mehr Antworten

Wer schon lange im Verkauf tätig ist, kennt die meisten Einwände. Hier kommen Top-Antworten, die dich zum Erfolg führen. In den allermeisten Branchen ist man in Verkaufsgesprächen mit maximal zehn Einwänden konfrontiert. Hier einige Tipps für alle, die gerne im Rennen bleiben wollen:

Einwand 1: »Ich habe schon drei Lieferanten!«

Deine Antwort: »Lieber Herr Müller, Sie leiten ein erfolgreiches Unternehmen und mir ist klar, dass Sie sicherlich auch gute Lieferanten haben – und ehrlich, ich will auch nicht Lieferant Nummer vier sein. Doch wenn Sie feststellen, dass Sie mit meiner Lösung effizienter arbeiten und noch dazu Kosten sparen, dann hätte sich doch unser Gespräch gelohnt – wie sehen Sie das?«

Einwand 2: »Danke, wir sind bestens versorgt!«

Deine Antwort: »Ah, verstehe, und Sie fragen sich sicherlich, was ich denn nun für Sie habe, was ich Ihnen noch zur Ergänzung anbieten kann? Ich kann es Ihnen in zwei bis drei Sätzen sagen.«

Das kennst du von Politiker-Interviews – diese antworten auch selten konkret auf die an sie gestellten Fragen. Warum solltest du im Verkaufsgespräch denn gleich »… danke und auf Wiedersehen« sagen? 90 Prozent der Verkäufer:innen sagen: »Gut, äh, dann reden wir in einem Jahr wieder.« Du solltest zu den anderen zehn Prozent gehören.

Einwand 3: »Keine Zeit!«

Das passiert oft, wenn du jemanden am Telefon etwas verkaufen oder einen Termin vereinbaren willst. Du kannst das ganz einfach umgehen, indem du dich einfach vorstellst und dies antwortest: »Grüß Gott, Herr Müller, mein Name ist Harald Kopeter von Fresh Content, Herr Müller darf ich gleich zum Punkt kommen?« Übrigens: Das ist wohl einer der besten Einstiege am Telefon, er stammt von dem Vertriebstrainer Tim Taxis. Die Antwort wird in 99,5 Prozent der Fälle ein Ja sein, denn dein Gegenüber hört, dass du ihm keine Zeit stehlen willst, denn du kommst gleich zum Punkt und schwafelst nicht lange herum – zumindest schwingt das in der Begrüßung mit, und darum sagt dein Gegenüber gerne JA.

Einwand 4: »Schicken Sie mir Unterlagen!«

Deine Antwort: »Verstehe, klar, Sie wollen sich vorab informieren und einlesen. Damit ich Ihnen das Richtige und Passende zusende, darf ich Ihnen noch zwei, drei Fragen stellen?« Bist du wieder zurück im Gespräch, nutze die Chance, um JETZT zu verkaufen und nicht erst in ein bis zwei Wochen.

Einwand 5: »Mein Budget für diesen Bereich ist bereits verplant!«

Der schwache Verkäufer sagt nun »... gut, dann reden wir im neuen Geschäftsjahr«, der Verkäufer, der nicht gleich aufgibt, sagt: »Das verstehe ich, wir haben auch schon Juni und das halbe Jahr ist rum, doch die meisten meiner Kunden haben für ein richtig gutes Angebot immer, immer noch eine Budgetreserve. Das ist doch bei Ihnen sicherlich auch so? ... Und mein Angebot ist doch wirklich sehr, sehr attraktiv?«

Du siehst: Immer, immer, sehr, sehr: Die doppelte Nennung bringt die dreifache Wirkung!

Einwand 6: »Ich muss noch eine Nacht drüber schlafen!«

Deine Antwort: »Herr Müller, überlegen wir kurz gemeinsam: Wenn Sie schlafen, können Sie nicht denken, und wenn Sie denken, können Sie nicht schlafen. Wir haben alles besprochen, wir haben über die Vorteile gesprochen – wollen wir das nun so machen?«

Einwände sind oft nur Vorwände, die nach ein, zwei passenden und guten Antworten bereits wieder vergessen sind.

Einwand 7: »Sie kochen doch auch nur mit Wasser!«

Deine Antwort: »Klar kochen wir auch nur mit Wasser, doch der Unterschied zu all den anderen ist der: Bei uns sind die Platten um vieles heißer. Wollen Sie noch im September die Lieferung oder erst im Oktober?«

Begegne deinen Kund:innen mit dosiertem Humor und stell dann einfach die Abschlussfrage, bestenfalls noch als Alternativfrage.

Einwand 8: »Sie wollen mir doch nur was verkaufen!«

Deine Antwort: »Lieber Herr Müller, das kann ich doch gar nicht, es ist doch so: Nur wenn Sie feststellen, dass meine Lösung optimal zu Ihnen passt, erst dann werden Sie sich für das Richtige entscheiden. Darf ich Ihnen in zwei, drei Sätzen meine Lösung aufzeigen?«

Damit gibst du deinem Gegenüber das Gefühl, dass nicht du ihm was verkaufen willst, sondern er über die beste Lösung entscheidet.

Einwand 9: »Ich bekomme schon sooo viele Angebote!«

Deine Antwort: »Das verstehe ich, ein gutes und erfolgreiches Unternehmen bekommt immer viele Angebote. Sicherlich entscheiden Sie sich dann für das beste und leistungsstärkste Angebot. Darf ich Ihnen in zwei, drei Sätzen aufzeigen, wie Sie die Stärken und Leistungen optimal für sich nutzen können?«

Einwand 10: »Das kann ich mir nicht leisten!«

Deine Antwort: »Die Frage ist nicht, ob Sie sich mein Angebot leisten können, die Frage ist doch, ob Sie es sich noch leisten wollen und können, diese Lösung nicht implementiert zu haben?«

Eine Alternative ist: »Herr Müller, eine kurze persönliche Frage: Wie geht Ihr Unternehmen, wie gehen Ihre Mitarbeiter und Kunden mit Frage um, dass Sie sich den Titel Marktführer nicht leisten wollen«?

Diese und manch eine andere Antwort erfordern auch Mut, doch wenn ein Unternehmen im Premium- und Hochpreissegment tätig ist, müssen sich auch die Lieferant:innen auf diesem Level bewegen!

Einwand 11: »Das ist zu teuer!«

Deine Antwort: »Ah, verstehe, Sie wollen kaufen, der Liefertermin wäre kommende Woche, ist das Okay für Sie?

Eine Alternative ist: »Ich will es so sagen: Es ist nicht teuer – es ist wertvoll, und es bringt Sie wirklich, wirklich enorm weiter. Wollen wir das so machen«?

Zucke nicht beim ersten »Das ist zu teuer«« zusammen, das ist ein natürlicher Reflex des Menschen. Aber dein Reflex muss es in Zukunft sein, auf diesen Einwand gute und einfache oder einfach gute Antworten zu haben.

Welche zehn Einwände gibt es zu deinem Angebot? Welche zehn guten Antworten hast du darauf?

#126 Was du von Columbo lernen kannst

In Verkaufsgesprächen ist es sehr, sehr wichtig, Einwände und Vorwände zu unterscheiden. Der Vorwand steht vor dem Einwand, also vor dem tatsächlichen Grund, warum man heute nicht kaufen will oder kaufen kann. Auch wenn es dir gelingt, den Vorwand zu entkräften, wird in den meisten Fällen wieder eine Wand vor den eigentlichen Grund geschoben. Wenn dies drei oder vier Mal der Fall ist, geben die meisten Verkäufer:innen auf.

Am leichtesten ist es für den Interessenten zu sagen: »Es ist zu teuer.« In Zukunft antwortest du: »Lieber Herr Maier, abgesehen vom Preis – gibt es sonst noch einen Grund, der sie zögern lässt?« In vielen Fällen kommt dann der wahre Grund zur Sprache: »Ja, ich bin mir unsicher, dass …«, und du kannst jetzt auf den wahren Grund eingehen. Frage danach nochmals, ob es neben dem Preis einen weiteren Grund gibt, und gehe gegebenenfalls auf diesen ein. Natürlich wirst du auch hier keine 100-Prozent-Erfolge feiern, doch du wirst, wenn du zwei oder drei Mal nachfragst, deine Abschlussquote steigern können.

Kennst du Columbo, eine US-Krimiserie der 1970er-Jahre? Immer, wenn sich Columbo bereits nach der Befragung von Verdächtigen verabschiedet hatte und diese sich in Sicherheit glaubten, immer, wenn Columbo schon an der Tür war, drehte er sich noch um und sagte: »Ich hätte da noch eine Frage.« In der bereits entspannten Situation hat sich sein Gegenüber dann verplappert, und oft genug kamen wichtige Informationen oder gar die Wahrheit kam ans Licht.

Wenn es mit dem Abschluss also nicht geklappt und du im Begriff bist, zu gehen, und dein Interessent sich gerade entspannt, dreh dich um und frag: »Lieber Herr Maier, ich hatte den Eindruck, Sie wollen das Produkt. Sie haben auch einen tollen Preis ausgehandelt, mal ehrlich, was hindert Sie noch daran, es zu kaufen?« Oft wird Herr Maier nun den wahren Grund für seine bisher ablehnende Haltung nennen. Du bist wieder im Spiel!

Columbo hatte nach 90 Minuten immer Erfolg! Also: Finde den wahren Grund!

#127 Wenn du es nicht verkaufst …

»Wir verlieren Aufträge nicht an bessere Unternehmen oder an bessere Produkte, wir verlieren Aufträge an bessere Verkäufer.« Ich denke, ich habe diesen Satz einmal bei Dirk Kreuter gehört, zumindest habe ich ihn in meinen Aufzeichnungen so gefunden und mich an folgende Geschichte dazu erinnert:

Als vor Jahren das erste iPad auf den Markt kam, wollte ein Mann nur das günstigste iPad kaufen. Er dachte, er verließe nach wenigen Minuten den Store mit einem iPad für nur 599 Euro. Die erste Frage des Verkäufers war, wozu er das Gerät gerne benutzen würde. Die Antwort des Kunden: »Ich will Filme für meine Kinder raufladen, damit sie während längerer Autofahrten unterhalten werden.« Die nächste Frage des Verkäufers lautete: »An wie viele Filme denken Sie?« Der Kunde: »An rund zehn Filme.« Der Verkäufer: »Dann benötigen Sie das iPad mit dem größten Speicher. Wie viele Kinder haben Sie?« Der Kunde: »Zwei.« Der Verkäufer: »Das iPad hat nur einen Kopfhöreranschluss, Sie brauchen eine Adapter.«

Die Geschichte ging noch weiter, denn der Kunde brauchte auch noch ein Netzkabel für das Auto und eine Schutzhülle für das iPad und …

Die Rechnung machte nun samt Zubehör mehr als 1.000 Euro aus, der Kunde jedoch war davon ausgegangen, er komme mit 599 Euro zurecht. Hatte der Verkäufer ihm also sinnlose Zusatzprodukte aufgeschwatzt? Sicherlich nicht, im Gegenteil: Er hat ihn bestens beraten, damit er das iPad für den gewünschten Zweck problemlos einsetzen konnte. Bestimmt haben es ihm seine Kinder gedankt.

Viele Verkäufer:innen haben Angst davor, weiteres Zubehör zu verkaufen, oft sie sind froh, dass die Kund:innen überhaupt bei ihnen kaufen. Doch die Konsequenz ist, dass diese das Geschäft verlassen und sich später darüber ärgern, weil notwendige Teile fehlen – die sie dann auf Amazon kaufen! Übrigens: Dort, bei Amazon, ist dann der erhellende Satz zu lesen: »Kunden, die dieses Produkt gekauft haben, haben auch diese Produkte gekauft …« – Amazon macht die Zusatzverkäufe, die eigentlich du machen solltest. Und machen könntest.

Wenn du es nicht verkaufst, verkaufen es andere. Das gilt es zu vermeiden und zu verhindern. Trainiere es, Zusatzverkäufe zu tätigen. Forciere dein Up-Selling und Cross-Selling.

#128 Einfach dranbleiben

In den 1950er-Jahren wurde der US-Ingenieur Norman Lawson von der US Navy nach einem Korrosionsschutz für die Trägerrakete Atlas gefragt. Norman Lawson machte sich mit zwei Teammitgliedern daran, ein »Wasserverdrängungsmittel« zu entwickeln und taufte die erste Versuchsreiche »Water Displacement 1«.

Wie so oft, blieb es nicht beim ersten Versuch. Einige Male bekam Lawson seinen Korrosionsschutz von der US Navy mit »unbrauchbar« retourniert, einige Versuchsreihen sendete er erst gar nicht der NASA zu, denn er wusste, dass die Qualität noch nicht ausreichend war. Erst nach zweijähriger Entwicklung und mit dem vierzigsten Versuch war er zufrieden, und so sandte er seinen Korrosionsschutz mit der Abkürzung WD-40[48] an die US Navy. Die Bezeichnung leitet sich ab von »Water Displacement perfected on the 40th try« – zu Deutsch: »Im 40. Versuch perfektionierte Wasserverdrängung«.

WD-40 war für die Navy perfekt, um die Schiffs- und Maschinenteile vor Korrosion zu schützen. Es wurde zudem in der Raketen- und Waffenindustrie und ab 1958 auch in privaten Haushalten eingesetzt. WD-40 wurde zum absoluten Weltmarktführer, das Unternehmen erwirtschaftet mit rund 500 Mitarbeiter:innen 400 Millionen Dollar Umsatz. Auf der Website von WD-40 (siehe auch https://wd40.de/) kannst du von manchmal verrückten Anwendungen des Produkts lesen – hier zwei der interessantesten Geschichten: Ein Busfahrer aus Asien verwendete WD-40 zum Entfernen einer Python, die sich unter den Bus geschlängelt hatte. Und einmal benutzten Polizeibeamte WD-40, um einen Dieb zu befreien, der im Belüftungsschacht einer Klimaanlage feststeckte.

Wie lange bleibst du dran? Machst du 40 Versuche oder gibst du nach drei oder vier Mal auf? Merke:

Eine Idee ist der erste Meter im 100-Meter-Lauf, dann heißt es dranbleiben, trainieren, dranbleiben, trainieren …

#129 Hühner sind auch nur Menschen

Einer unserer Kunden ist ein großer Hühnereierproduzent mit Zigtausenden Freilandhühnern. Während einer Hofführung erklärte er, dass, wenn sich am Morgen die Stalltüre öffnet, rund ein Drittel der Hühner im Stall bleibt und ein weiteres Drittel sich im Freien in einem Umkreis von 30 bis 40 Metern zur offenen Stalltüre aufhält. Nur ein Drittel der Hühner nutzt die Freiheit und entfernt sich bis zu 150 oder 200 Meter. Ich dachte mir gleich: Das ist doch bei Menschen ähnlich!

Ich kenne Leute, die nur zur Arbeit und zum Einkauf gehen, doch die restliche Zeit zu Hause bleiben. Andere machen Shoppingtouren, Ausflüge, wandern oder fahren Rad. Eine weitere Gruppe unternimmt drei bis vier Städtereisen im Jahr, ist über Neujahr auf den Malediven, zu Ostern im Miami, im Sommer in Island … Es verhält sich so ähnlich wie bei den Hühnern.

Es gibt im Marketing und Verkauf eine Überzeugung, die du beachten solltest: 95 Prozent der Menschen verbringen 95 Prozent ihrer Zeit innerhalb von 25 Kilometern. Das lässt sich wissenschaftlich zwar nicht belegen, doch für regionale Angebote und stationäre Geschäfte ist das vielfach der entscheidende Umkreis, insbesondere dann, wenn Kund:innen auf Regionalität achten und im Sinne des steigenden Umweltbewusstseins keine kilometerlangen Anfahrten auf sich nehmen wollen.

Wenn fast dein gesamter Kundenkreis aus der näheren Umgebung stammt, sind Postings auf Social Media in englischer Sprache vielleicht nicht sinnvoll. Noch dazu, wenn deine Kund:innen in ihrer eigenen täglichen Kommunikation kein Englisch sprechen und daher vielleicht auch Mühe haben, deiner englischen Konversation zu folgen.

Stimme also deine Kommunikation, deine Werbung und dein Marketing konsequent auf die Erwartungen und Wünsche der Menschen ab, denen du tatsächlich einen Nutzen bieten kannst. Wenn du für deinen Kundenkreis innerhalb der 25 Kilometer einen tollen Job machst und die richtigen Storys zu richtigen Zeit platzierst, dann kannst du es gar nicht verhindern, dass du über die Grenzen hinaus bekannt wirst.

Was ist dein Wirkungskreis? Wie kannst die Kund:innen innerhalb dieses Wirkungskreises am besten ansprechen?

#130 Billiger geht (leider) immer!

Ich habe sicherlich schon Tausende Kunden- und Verkaufsgespräche geführt, doch ich habe mich noch nie darüber gefreut, dass ich den Auftrag nur deshalb gewinne, weil wir die billigsten Anbieter waren (kam auch fast nie vor). Spaß macht es, wenn gute Arbeit gut bezahlt wird. Große Achtung habe ich allerdings vor Discountern, denn die Herausforderung, immer der billigste Anbieter und erfolgreich zu sein, ist schon beachtenswert. Aber natürlich hat die Billiger-Sein-Strategie ihre Tücke.

Prüfe, welche dieser Möglichkeiten du eher nutzen kannst:

- Du bist FIRST: Du bist schlicht der Erste auf dem Markt, du hast etwas erfunden oder kreiert – das gelingt jedoch nur wenigen. Ein Bespiel ist das Tempo Papiertaschentuch. So konnte der Markenname zum Synonym für ein Produkt werden.
- Bist du nicht FIRST, dann bist du vielleicht BEST, du hast ein Produkt kopiert, verbessert oder hast das bessere Marketing- und Sales-Team. DU bist einfach besser. Ein Beispiel ist Apple mit dem iPod, das von dem Unternehmen zwar nicht erfunden, doch mithilfe eines genialen Storytellings ganz nach vorn gebracht wurde.
- Bist du beides nicht, dann bist du hoffentlich DIFFERENT: Du bist anders – du musst allerdings gewaltig anders sein. Wenn du den Unterschied erst erklären musst, ist es zu wenig, die Menschen müssen den Unterschied sofort erkennen.
- Die vierte Möglichkeit ist: Du bist FAST – der Schnellste. Denk an Amazon Prime: »Heute bestellt – morgen geliefert«. Unternehmen glauben immer noch, dass die Kunden auf Waren 14 Tage warten, viele Verkäufer:innen glauben immer noch, sie können sich mit dem Angebot zehn Tage Zeit lassen. Die Kund:innen wollen mehr und mehr JETZT.
- Wenn du weder FIRST, BEST, DIFFERENT oder FAST bist, dann bist du meist der Billigste. Billig kann jeder, zumindest für eine kurze Zeit, doch es gibt immer noch einen, der noch billiger ist – und irgendwann, wenn du es nicht mehr geschafft hast, der Billigste zu sein, wird dein Unternehmen vom Markt verschwunden sein.

Bist du FIRST, BEST, DIFFERENT oder FAST?

#131 Kennen, können und tun

Zweimal im Jahr veranstalte ich einen Kongress zu den Themen »Sales, Marketing und Kommunikation« mit vielen Tipps, Ratschlägen und konkreten Umsetzungshinweisen. Oft bekomme ich dann zu hören: »Das kenn ich schon alles«. In den allermeisten Fällen denke ich: »Wenn du es kennst, warum kannst du es nicht? Und wenn du es kannst, warum tust du es nicht?«

Unternehmen investieren zehn oder zwanzig Prozent in Forschung und Entwicklung, sie investieren zehn Prozent oder mehr in Werbung – doch Werbung ist nicht Verkauf! Mit Werbung bringst du, wenn überhaupt, Leute in dein Geschäft oder auf deine Website, doch die meisten von ihnen verlassen den Shop wieder, ohne gekauft zu haben. Meine Beobachtung ist: Viele Unternehmen haben in die Entwicklung investiert, sie haben in Werbung investiert, aber sie haben nichts oder wenig in den Verkauf oder in eine zeitgemäße Ausbildung der Verkäufer:innen investiert.

»Unsere Kernkompetenz ist Marketing und Verkauf, Schrauben machen können andere auch.« Dieses Zitat stammt, wie bereits erwahnt, wohl von Reinhold Würth. Mit rund 75.000 Mitarbeiter:innen weltweit ist die deutsche Unternehmensgruppe Würth Weltmarktführer im Bereich der Befestigungstechnik. Trifft dieser Ausspruch nicht sinngemäß auf alle Branchen zu? Definitiv ja: Es gibt immer einen, der die gleiche Dienstleistung, das gleiche Produkt anbietet, und manchmal ist das Produkt minderwertiger und dennoch teurer.

Eines machen Erfolgreiche aber deutlich besser: Sie können besser verkaufen. Viele Selbstständige und Unternehmer:innen glauben, dass sich die bessere Qualität durchsetzt, dass der bessere Service punktet. Das kann sein und tatsächlich passiert es auch hin und wieder. Doch die Welt ist durch das Internet kleiner geworden, Mitbewerber:innen sind nur einen Mausklick entfernt und haben vielleicht auch die besseren Bewertungen. Und darum gilt nach wie vor:

Solange du dein Produkt nicht verkaufen kannst, ist es nichts wert!

#132 Stifte Identität

»We sell your dream, the bike is for free.« Das ist seit vielen Jahren das Erfolgsgeheimnis von Harley Davidson. Klar ist auch, dass Harley Davidson nicht behaupten kann, das beste Motorrad anzubieten – ganz einfach, weil sich diese Behauptung kaum beweisen ließe. Was jedoch machen 90 oder 95 Prozent der Unternehmen? Sie arbeiten mit frontaler Werbung, indem sie behaupten: »Wir haben das beste Produkt, wir haben das beste Preis-Leistungsverhältnis, wir haben die meisten ..., die größten ..., die geringsten ...« Wir haben, wir sind, wir können. Doch Kund:innen wissen heute, dass all das jeder behaupten kann.

Ich glaube, es war der bereits erwähnte US-amerikanische Autor und Unternehmensberater Simon Sinek, der dazu sinngemäß gesagt hat: Unsere Aufgabe als Unternehmer ist nicht, die Menschen zu suchen, die das Problem haben, das wir lösen können – sondern jene Kunden zu finden, die dasselbe glauben wie wir. Denn diese stehen in Resonanz mit uns und kaufen deshalb aus dem Bauch heraus gerne bei uns.

Als Unternehmen ist es wichtig, eine klare Identität und Werte zu haben, die von Kund:innen geteilt werden können. Wenn diese die gleichen Werte haben wie das Unternehmen, entsteht zunächst eine tiefere Verbindung – und dann Kundenbindung. Kundenbindung entsteht nicht durch frontale Werbung, sondern ausschließlich durch Identität und Werte und Kommunikation auf Augenhöhe.

! **Lade deine Produkte, deine Marke mit authentischen Werten auf und lebe diese.**

Ein kleiner Nachsatz: Genau das macht Harley Davidson – und erreicht mit emotionalen und authentischen Storys Millionen von Fans. Und darum gibt es neben Harley Davidson nur wenige Unternehmen und Brands, deren Logo sich Tausende Menschen gerne für immer in ihre Haut tätowieren lassen. Das schafft man wirklich nur mit Emotionen und authentischen Storys – oder kennst du Menschen, die die Logos ihrer blutleeren Bank oder ihres emotionslosen Mobilfunkbetreibers am Oberarm tragen?

#133 Wenn der Boss spricht

Storytelling ist in den Marketingabteilungen der mittleren und großen Unternehmen oft das entscheidende Thema, und vielfach wird eine Menge Geld in firmeneigene Newsrooms gesteckt oder es wird die Haus-und-Hof-Werbeagentur beauftragt, sich um dieses Thema zu kümmern. All dies verschlingt Geld, aber meistens hält sich der Erfolg in Grenzen. Das liegt daran, dass Werbeagenturen zwar werben können, doch die wirklich guten Storys fast ausschließlich von Journalist:innen, Redakteur:innen und Autor:innen stammen – die du im Idealfall in Content-Marketing-Agenturen finden kannst.

Den größten Erfolg jedoch haben nicht die Unternehmen, die das größte Budget in Werbung oder Marketing stecken, sondern jene, bei denen der Boss oder CEO einen Schritt nach vorne tritt und spricht.

Kennst du Mary Barra? Nein? Du bist in guter Gesellschaft, die meisten kennen die US-Topmanagerin nicht, doch beinahe jeder kennt Elon Musk, CEO von Tesla. Der Unterschied ist: Elon Musk ist ein begnadeter Storyteller, Mary Barra nicht. Was du von Tesla hingegen nicht kennst, sind Fernsehspots, Plakate oder Printwerbung. Wenn Elon Musk die Bühne betritt, berichten Tausende Medien weltweit darüber. Elon Musk beherrscht es, spannende und interessante Geschichten zu erzählen; manchmal konstruiert er eine Heldenreise und oft enthalten seine Storys die wichtige Antwort auf die Frage, WOFÜR er das tut, was er tut.

Du rätselst noch, wer Mary Barra sein könnte? Sie ist CEO von General Motors, dem größten amerikanischen Autobauer mit mehr als 230.000 Mitarbeiter:innen. General Motors kann Autos bauen, Tesla lernt es gerade.

Du erinnerst dich an Michael O'Leary? Ich habe ihn bereits zitiert. Er sagt: »Wir denken darüber nach, bei Ryanair auch Stehplätze einzuführen« – und erhält damit die Topmeldung in allen europäischen Medien, in Foren wird darüber diskutiert, in Social Media wird er belächelt. Michael O'Leary sagt: »Wir denken darüber nach, die Toiletten kostenpflichtig zu machen. Wir können zwei von drei Toiletten streichen und dort stattdessen Sitze verkaufen« – wieder eine Schlagzeile. Michael O'Leary sagt: »In Zukunft bringen die Passagiere auch die großen Koffer direkt zum Flugzeug« …

Michael O'Leary sagt noch viel mehr – allerdings ohne seinen öffentlichkeitswirksamen Worten Taten folgen zu lassen. All das, von dem er gesprochen hat, ist nämlich nie Realität geworden. Ryanair macht seit vielen Jahren keine klassische Werbung. Die Website ist funktionell, das Design ist einfallslos und hässlich, das Logo ist schlicht. Ryanair ist mittlerweile die größte europäische Fluglinie – und das, ohne Millionen an Werbung auszugeben, ohne aufwendiges Web- oder Logo-Design oder kostspielige Relaunches. Der Grund: An der Spitze steht ein Mann, der schlicht und einfach tolle Storys erzählt, die die Menschen elektrisieren.

Es gibt auch Gegenbeispiele: Kennst du zum Beispiel Sean Doyle? Nein! Kein Wunder, der Mann hat eine mehrköpfige Kommunikationsabteilung und lässt sprechen. Sean Doyle ist CEO von British Airways, der Nummer drei der Fluggesellschaften in Europa.

Nestlé ist der weltgrößte Nahrungsmittelkonzern mit um die 90 Milliarden Schweizer Franken Umsatz – und dennoch musste das Unternehmen im deutschsprachigen Raum eine deutliche Niederlage hinnehmen. 2015 verkaufte Nestlé seine Kindernahrungsmarke Alete, da keine Aussicht bestand, auch nur in die Nähe des Marktführers zu gelangen. Denn dieser lag mit weitem Abstand vorne und bleibt wohl noch länger uneinholbar: Hipp. Die Botschaft von Claus Hipp lautet: »Dafür stehe ich mit meinem Namen« – und dafür lebt er. Diesen Slogan hat sich keine Agentur ausgedacht, er ist seine ehrliche und authentische Botschaft als Person und Unternehmer.

Elon Musk, Michael O'Leary, Claus Hipp: Das sind drei Unternehmer, die für Werbung kaum Geld ausgeben, drei Persönlichkeiten, die einen Schritt nach vorne gehen und sprechen, Menschen begeistern und überzeugen – und damit zum Marktführer aufgestiegen sind.

Menschen sprechen mit Menschen und Menschen kaufen von Menschen – das wird auch noch lange so bleiben.

#134 Erkenne die Chancen

Ray Kroc war 52 Jahre alt und seit vielen Jahren eher erfolglos als Vertreter für Milkshake-Mixer in den USA unterwegs. 1954 traf eine Bestellung über sechs Mixer bei ihm ein, und weil dies noch nie vorgekommen war, wollte Kroc die Besteller persönlich kennenlernen: die Brüder Richard und Maurice McDonald. Vor Ort dann die Überraschung: Da standen Leute Schlange, um einen in Papier verpackten Hamburger zu essen! Kroc war augenblicklich fasziniert von der Idee. Er fasste Mut, investierte die letzten Ersparnisse und wurde der allererste Franchisenehmer der Brüder McDonald. Kroc arbeitete

Tag und Nacht in seiner ersten Filiale und wurde Franchisegeber für die ersten weiteren Filialen. Er perfektionierte die Produktion und investierte in Marketing und Werbung. 1961 kaufte der ehemalige Mixer-Vertreter nach einem Streit mit den Brüdern McDonald für 2,7 Millionen Dollar alle Rechte an McDonald's. Ray Kroc arbeitete bis zu seinem 81. Lebensjahr im Burger-Imperium, ein halbes Jahr nach Pensionsantritt verstarb er an Herzversagen.

Am 21. Juli 1969 betrat Neil Armstrong als erster Mensch den Mond. Hinter ihm setzte Buzz Aldrin seinen Fuß erstmals auf den Mond und muss damit leben, dass die ganze Welt Armstrong kennt, doch kaum jemand ihn. Die Geschichte hätte anders lauten sollen: Buzz Aldrin war auserwählt, als erster Mensch den Mond zu betreten – was war passiert? Kurz vor jenem entscheidenden Schritt sagte Aldrin zu Armstrong: »Neil, nimm den Fotoapparat, geh raus und mach von mir ein Foto, wie ich als erster Mensch den Mond betrete«. Neil Armstrong erkannte seine Chance und sagte: »Ein kleiner Schritt für einen Menschen, ein großer Schritt für die Menschheit«. Der Rest ist Geschichte (die Story könnte so abgelaufen sein – wir wissen es nicht).

Ray Kroc und Neil Armstrong: zwei Männer, die Geschichte geschrieben haben, weil sie ihre Chance erkannt hatten.

Chancen tragen keinen Smoking – meist tragen sie eine schlichte Arbeitsmontur und werden daher von uns nicht wahrgenommen.

#135 30 Cent pro Lacher

Da verging den spanischen Theaterbetreibern das Lachen: 2013 steckte Spanien in einer gewaltigen Wirtschaftskrise und die Regierung erhöhte den Steuersatz auf Kulturgüter von acht auf satte 21 Prozent. Auch in der Comedy Theater Company Teatreneu in Barcelona wurde deshalb immer weniger gelacht. In solch einem Fall den Preis weiter zu erhöhen, bringt aber ebenso wenig, wie den Preis um 20 bis 30 Prozent zu senken. Die Menschen wollten oder mussten sparen. Also beschloss man, die Sache mit Humor zu nehmen, und setzte eine brillante Idee um: Ab sofort galt »Eintritt frei!« – ABER: Jeder Lacher, der einem Besucher entlockt wurde, kostete ihn 30 Cent[49]. Besondere

Kichererbsen schützte man mit einer Deckelung nach oben. Das heißt, wer mehr als 80mal lachte, blieb bei 24 Euro stehen.

Eine Gesichtserkennungssoftware auf iPads machte es möglich. Auf der Rückseite jeder Besucherstuhllehne wurde ein solches iPad montiert. So konnte jedes Lachen in bare Münze umgerechnet werden. Zusätzlich wurden die Bilder des tränenlachenden Publikums sowie die Lachstatistiken über Social Media geteilt. Bingo: Damit startete eine unbezahlbare Werbereichweite für das Theater, ein Begeisterungssturm wurde losgetreten.

Es ging aber noch weiter: Die Comedians auf der Bühne sahen live auf einen großen Bodenmonitor eine Statistik darüber, auf welchen Plätzen viel oder wenig gelacht wurde, und dadurch konnten sie auf die Besucher eingehen: Customer Experience in Echtzeit! Ein weiterer Vorteil: Der Veranstalter konnte die Comedians nun nach Erfolg bezahlen!

Der unaufhaltbare Erfolg gab dem Teatreneu recht: Der durchschnittliche Ticketpreis stieg dank der humorbefleißigten Besuchermimik um ganze sechs Euro, die Auslastung des Theaters stieg um 35 Prozent und die Story rund um »Pay Per Laugh« wurde weltweit in den Medien verbreitet. Chapeau! Das Video dazu gibt es übrigens auf https://www.youtube.com/watch?v = V0FowbxEe3w.

Genial erfolgreiche Ideen zu haben und umzusetzen und dann auch noch eine tolle Storys drumherum zu stricken kann nicht immer gelingen und bleibt wahrscheinlich die Ausnahme. Trotzdem: Finde die Ausnahme!

#136 Seife, Backpulver und Kaugummi

Ein 1891 gegründetes und in den USA ansässiges Unternehmen war eines der ersten, das den Verkauf mit Produktzugaben ankurbelte. Das Unternehmen verkaufte Seife, und jeder Seife wurde ein Päckchen Backpulver beigelegt. Der Verkauf zog enorm an, und man bemerkte, dass der Grund dafür das Backpulver war – so schwenkte man kurzerhand um und verkaufte ab diesem Zeitpunkt Backpulver.

Man hatte mit den Produktbeigaben bereits gute Erfahrungen gemacht, weshalb sich der Gründer und Eigentümer dazu entschloss, dem Backpulver zwei Streifen Kaugummi beizulegen. Der Erfolg wiederholte sich, wieder kauften viel mehr Kunden das Backpulver nur wegen der beiden Kaugummistreifen.

Der Eigentümer und Gründer war William Wrigley, er wurde so der weltgrößte Kaugummiproduzent. Er hätte sicherlich alle drei Produkte gut verkaufen können, und sein Unternehmen wäre gewachsen. Doch Mister Wrigley hat sich auf ein Produkt fokussiert und diesem Produkt all seine Energie gewidmet. Und ist so zum Weltmarktführer geworden.

Hast du das richtige Produkt? Hast du das richtige Angebot? Oder hast du ein bisserl was von allem und nichts zu 100 Prozent? Überlege dir, was du gezielt in den Vordergrund stellen willst.

#137 Mit Gackern zum Weltmarktführer

»Enten legen Eier in aller Stille. Hühner gackern dabei wie verrückt. Was ist die Folge? Alle Welt isst Hühnereier.«

Diese Geschichte geht auf ein Zitat von Henry Ford zurück. Wusstest du, dass ein Entenei größer, schwerer und deutlich schmackhafter ist als ein Hühnerei? Und dennoch isst die ganze Welt Hühnereier, denn die Hennen verstehen es deutlich besser, die Aufmerksamkeit »des Marktes« auf sich zu ziehen. Es nutzt nichts, gut zu sein, wenn es keiner weiß. Es nutzt nichts, der Profi mit dem größten Wissen zu sein, wenn du dieses Wissen nicht teilst.

Täglich verlieren Unternehmen, die das deutlich bessere Produkt haben, Aufträge und Kund:innen an Unternehmen, die besser kommunizieren. »Gackern« und in Form von Werbung für Aufmerksamkeit zu sorgen, war in der Zeit von Henry Ford sicherlich noch ein wenig einfacher. Heute erdrücken uns bis zu 10.000 Werbebotschaften täglich, da braucht es eine laute Stimme – Tausende Wiederholungen in Werbespots, Anzeigen und Online Ads, Tausende Kontakte auf Medienplattformen oder in den Social-Media-Kanälen bedeuten auch, dass du Tausende von Euros an Budget einsetzen musst. Und je lauter der Mitbewerb »gackert«, desto lauter musst du kontern – und desto mehr Budget fließt zu den Werbeplattformen.

Hühner wurden mit Gackern zum Weltmarktführer. Still und leise auf Kund:innen zu warten, das wird nicht funktionieren. Wir verlieren Aufträge nicht an Unternehmen, die bessere Produkte oder Angebote liefern. Ganz oft verlieren wir Aufträge oder werden erst gar nicht angefragt, weil uns keiner sieht und weil uns keiner hört.

Auch wenn uns die digitale Welt viele neue Möglichkeiten eröffnet hat, so ist es dennoch so, dass Reichweite und Frequenz Kunden bringt, dass es nur Geschichten schaffen, Menschen zu berühren, zu bewegen und zu begeistern.

**Botschaften erzeugen Druck. Gute Storys erzeugen Sog.
Welche Konsequenzen ziehst du daraus?**

#138 Nichts zu verschenken?

»Wenn ich es dann mal geschafft habe, dann helfe ich den anderen, ebenfalls erfolgreich zu werden. Bis dahin bekommt nur derjenige eine Antwort, der dafür auch bezahlt. Denn ich habe nichts zu verschenken!« Diese Denkweise hat die Menschheit Jahrhunderte geprägt. Mit der Entwicklung des Internet wurde ein Sinneswandel eingeläutet. Seitdem gibt es zahlreiche freie Angebote, Software und E-Mail-Plattformen sind frei zugänglich, die Menschen befragen Internet-Suchmaschinen und erhalten gratis eine Antwort. Ende des zweiten Jahrtausends stand das Sammeln von Daten noch nicht im Vordergrund, Larry Page und Sergey Brin wollten mit Google die weltbeste Suchmaschine kreieren und verlangen bis heute für deren Hauptfunktion kein Geld.

In der digitalen Welt sind diesen Beispielen viele gefolgt. Die Hauptfunktion von Facebook ist es, Usern die Möglichkeit zu geben, kostenlos Inhalte zu teilen und zu konsumieren. Auf LinkedIn kann man kostenfrei Profile erstellen, Netzwerke aufbauen und Stellenangebote durchsuchen. Mit Dropbox speichern und teilen wir bis zu einer bestimmten Größe kostenlos Dateien in der Cloud. Mit Zoom halten wir kostenlos Videokonferenzen ab. WordPress ist eine kostenlose Plattform für das Erstellen und Verwalten von Websites und Youtube stellt kostenfrei Millionen von Videos zur Verfügung.

Darum prüfe:

- Welches Problem deiner Kund:innen kannst du mit einer kostenlosen Funktion lösen?
- Wie kommst du zu einer nachhaltigen Geschäftsstrategie, die es dir ermöglicht, deine kostenlose Hauptfunktion langfristig anzubieten?
- Wie kannst du Geld verdienen, während du deine Hauptfunktion kostenlos anbietest? Sollst du Werbung schalten, Premium-Abonnements anbieten oder andere Produkte und Dienstleistungen verkaufen?
- Wie kannst du sicherstellen, dass die Qualität deiner kostenlosen Hauptfunktion hoch genug ist, um Menschen anzulocken und zu binden?

Seit Google, YouTube, Wikipedia & Co gibt es kein Geheimwissen mehr – alles, was du nicht bereit bist zu geben, geben die anderen.

#139 Autorität kommt von Autor

Wo ist die Visitenkarte gelandet, die du zuletzt bekommen hast? Liegt sie bei deiner Assistenz, liegt sie irgendwo auf dem Schreibtisch, oder doch noch in deiner Tasche? Oder hast du sie schon entsorgt? Früher gab es Boxen für Visitenkarten, heute wandern die Daten ins CRM und sind gleich vom Tisch – und das Gleiche passiert mit deiner Visitenkarte, diese ist ganz schnell aus dem Sichtfeld.

Und nun stell dir vor, du überreichst deinen möglichen neuen Kund:innen ein Buch, nämlich dein Buch. Dein Buch hat mehr als 100 Seiten, der Titel und das Thema sind nahe dran an deiner Branche, du selbst bist vielleicht auf dem Cover oder zumindest auf der Rückseite zu sehen, du präsentierst dich so als DER Experte und DER Profi zu diesem Thema. Ein eigenes Buch verleiht dir Autorität und Ansehen.

Das Wort »Autorität« stammt vom lateinischen Begriff »auctoritas«[50] ab, der auf die Bedeutung von »Einfluss, Ansehen, Macht oder Zustimmung« hinweist. Die Verwendung des Begriffs ist in verschiedenen Kontexten und Disziplinen weit verbreitet, wie etwa in der Philosophie, der Soziologie, der Psychologie, der Pädagogik und der Rechtswissenschaft.

In der Philosophie bezieht sich »Autorität« auf die Idee einer Person oder einer Gruppe, die als Quelle von Wissen und Wahrheit anerkannt wird. In der Soziologie beschreibt der Begriff die Machtverhältnisse innerhalb einer Gesellschaft oder Institution, während er in der Psychologie das Vertrauen bezeichnet, das Menschen in eine Person oder eine Organisation setzen.

Man sagt, dass rund 80 Prozent der existierenden Bücher nicht oder kaum gelesen werden, sie wandern auf dem Schreibtisch von einer Ecke zur anderen, landen dann auf einem Stapel nicht gelesener Bücher und werden in einigen Monaten vielleicht mal wieder kurz durchgesehen und doch wieder nur umgeräumt – doch selten wirft man ein Buch weg.

! Vielleicht solltest du ein eigenes Buch zum wichtigen Bestandteil deiner Werbe- und Marketingaktivitäten entwickeln. Jedes Mal, wenn jemand dein Buch in die Hand nimmt, wird er an dich erinnert.

#140 Das wird nie im Leben fertig

Würdest du ein Projekt starten, wenn du heute weißt, dass du die Fertigstellung nicht mehr miterlebst?

Wer jemals in Barcelona war, stößt an allen Ecken und Enden auf den berühmtesten Architekten der Stadt, Antoni Gaudí. Viele seiner Projekte hat er fertiggestellt, das berühmteste, die »Sagrada Familia«, nicht. Die »Sagrada Familia« wird nun voraussichtlich 2026, zum hundertsten Todestag Antoni Gaudís, fertiggestellt sein. Baubeginn war der 19. März 1882, 2026 würde die Bauzeit also 144 Jahre umfassen.

Antoni Gaudí wusste bereits bei den Planungen, dass er die Fertigstellung nicht miterleben würde, und plante deshalb den Bau in Phasen. Er glaubte, dass es so schwieriger werden würde, das Vorhaben abzubrechen.

Vielfach ist es die Leidenschaft oder die Vision, die auch ältere Menschen antreibt, ein Unternehmen zu gründen, oft mit dem Wissen, dass sie dessen Erfolg vielleicht nicht mehr erleben werden. Über Ray Kroc von McDonald's und seine späte Erfolgsgeschichte haben wir bereits gesprochen, doch auch Colonel Harland Sanders war bereits 65 Jahre alt, als er KFC – Kentucky Fried Chicken – gründete. Er baute sein Unternehmen auf, indem er sein geheimes Rezept für gebratenes Hühnchen an andere Restaurants verkaufte. Er verlangte fünf Cent pro verkauftem Hühnchen; heute ist KFC weltweit bekannt und erfolgreich.

Die Designerin und Unternehmerin Laura Ashley war immerhin 51 Jahre alt, als sie ihr berühmtes Mode- und Einrichtungsunternehmen gründete. Sie begann mit der Herstellung von Schals und Kleidern aus der Küche ihres Hauses in Wales und baute schließlich ein Unternehmen auf, das weltweit bekannt ist.

Die US-Schauspielerin Betty White soll gesagt haben »Ich habe keine Angst zu versagen, ich habe Angst, es eines Tages nicht mehr zu versuchen.« Eine Philosophie, die viele erfolgreiche Unternehmer:innen beherzigen.

Das kalte Wasser bleibt kalt, egal, ob du jetzt springst oder in einer Stunde. Also fang einfach an!

#141 Du musst nicht allen gefallen

Wann immer ich durch die Stadt gehe, sehe ich Menschen, die sich gänzlich anders kleiden als der Mainstream. Manches gefällt mir, manches nicht – und manches finde ich gewagt. Und zuweilen bewundere ich den Mut, einfach anders zu sein.

Be someone's lover and not everybody's darling: Sei der Liebhaber von jemandem und nicht der Darling von jedem – diese Philosophie bedeutet auch, dass es besser ist, eine tiefe Verbindung zu einigen wenigen Menschen zu haben, als oberflächliche Verbindungen zu vielen Menschen zu pflegen. Und in der Geschäftswelt kann diese Philosophie bedeuten, dass es besser ist, eine engagierte und loyale Kundengemeinschaft aufzubauen, anstatt eine breite Kundenbasis zu haben, die nicht wirklich mit dir und deiner Marke verbunden ist.

In der Politik, in der Wahlwerbung und in der Wahlauseinandersetzung ist es ganz wichtig, nicht jedermanns Liebling zu sein. Wir sehen, dass es Parteien gibt, die stark polarisieren und dadurch eine engagierte und loyale Wählerschaft aufbauen. Die Zeiten der absoluten Mehrheiten in demokratischen Ländern sind seit Längerem vorbei, und daher können Parteien mit 15 Prozent oder 25 Prozent ganz gut leben. Auch Monopolstellungen im Business sind passé, und dennoch ist Apple als Nummer 3 im Bereich »Smartphones« eines der wertvollsten Unternehmen der Welt.

Du musst die Musik von Helene Fischer, Andreas Gabalier oder der Rolling Stones nicht mögen, doch es ist beachtenswert, wie diese Künstler es schaffen, in den größten Stadien vor ausverkauften Rängen zu spielen. Entscheidend ist wohl die tiefe Verbindung zu den jeweiligen Fans, zu den »Kund:innen«.

»Sei der Liebhaber von jemandem«: Zeige Ecken, zeige Kanten und versuche, nicht allen zu gefallen. Unabhängig davon, ob du Bürgermeisterin, Modeschöpfer oder Bäckermeisterin werden willst.

Es war Kurt Cobain, der gesagt haben soll: »Sie lachen mich aus, weil ich anders bin, ich lache über sie, weil sie alle gleich sind.«

#142 Ab heute wird es nicht leichter, aber anders

Wenn du Erfolg hast, wenn du andere Wege gehst, wenn du mit deinen Angeboten und Produkten auch einmal polarisierst, dann werden die Widerstände größer und die Gegner:innen mehr. Es wird nicht leichter, und es wird anders. Wenn du Erfolg hast, dann beobachten dich deine Mitbewerber:innen sehr genau: Oft kann es sein, dass du anfangs auch nur belächelt wirst – doch eines ist sicher: Du wirst eher wahrgenommen, und deine Wahrnehmung wächst nicht nur in der Branche, sondern auch bei Menschen und Unternehmen, mit denen du im Grunde nichts zu tun haben willst. Dazu habe ich mich schon in Story #67 geäußert.

Die Menschen beginnen über dich zu sprechen, und vielfach sagen sie nichts Gutes über dich. Doch das ist gut, es ist ein Zeichen dafür, dass du für etwas stehst, dass du hinter deinem Produkt stehst und mit ihm identifizierst wirst. Du kannst dann an der Stärke des Gegenwindes messen, wie ehrgeizig deine Ziele sind.

Auf dem Weg zum Erfolg wirst du zuerst – oft lächelnd – gefragt, warum du das machst. Später fragt man dich, wie du es gemacht hast. Das fragt allerdings nur das intelligente Umfeld. Die Neidhammel und Nervensägen reden weiter Unsinn.

Walt Disney etwa, der Schöpfer von Mickey Mouse und Disneyland, wurde in den frühen Tagen seines Unternehmertums von vielen als zu risikofreudig angesehen. Aber mit der Zeit gewann er den Respekt und die Bewunderung der Welt. Oprah Winfrey, die berühmte Talkshow-Moderatorin und Unternehmerin, wurde in ihrer Jugend wegen ihrer Hautfarbe und ihres Geschlechts diskriminiert. Sie kämpfte jedoch hart und wurde schließlich eine der einflussreichsten Persönlichkeiten der Welt. Steve Jobs schließlich, Mitbegründer von Apple, wurde zunächst von vielen als zu radikal eingestuft und sogar aus seiner eigenen Firma geworfen. Später kehrte er jedoch zurück und führte Apple zu einem der erfolgreichsten Unternehmen der Welt.

Es wird besser, weil es anders wird.

#143 Jetzt werden Marktführer geboren

Wir lesen täglich über Krisenherde in der Welt, die Auswirkungen auf die Wirtschaft und dass vieles davon noch länger anhalten wird. Noch dazu haben uns die vergangenen Monate und Jahre gezeigt: Langfristige Prognosen gibt es nicht mehr.

Manche Unternehmen berichten von sinkender Nachfrage; seltener, aber doch auch, gibt es Firmen, die keine neuen Aufträge annehmen können. Selbst wenn wir denen folgen, die meinen, der Markt schrumpfe, bleibt noch immer genug übrig vom Kuchen.

Oft gehen Unternehmen in die Opferhaltung, warten ab, was sich tut, und hören auf, zu agieren – sie reagieren nur noch. Die Verunsicherung schlägt sich auf die Stimmung der Teams nieder, es macht sich Resignation breit oder man hofft, es würden wieder bessere Zeiten kommen. Doch Hoffnung ist keine Strategie – den Abstieg zum Aufstieg zu machen, das ist eine Strategie.

Zudem wird häufig davon gesprochen, der Markt stagniere oder verkleinere sich. Doch ist DER Markt überhaupt dein Markt? Oder ist dein Markt davon kaum betroffen? Ist dein Markt vielleicht eher ein Nachbar einer boomenden Branche? Viele deiner Mitbewerber:innen sparen und reduzieren Werbe- und Marketingausgaben, sie fahren die Aus- und Weiterbildung ihrer Teams zurück: Doch was bedeutet das konkret für dich? Vielleicht ergeben sich für dich so Räume und Chancen?

Stell dir einen Profifußballverein vor, der meint, wenn nur 80 Prozent der Zuschauer:innen (Kund:innen) kämen, dann müssten die Spieler auch nur mit 80 Prozent ihrer Energie agieren. Dafür reichten dann auch 80 Prozent an Training, man könnte auch beim Personal und beim Betreuerstab (Weiterbildung) entsprechend sparen. Und bei 80 Prozent bräuchte man auch nicht die besten und teuersten Spieler (gute Mitarbeiter), da reichte auch die Mittelklasse.

Unvorstellbar, nicht wahr? Aber genau das passiert gerade in vielen Unternehmen, und genau das macht es für dich leichter, zum Marktführer aufzusteigen.

Du brauchst dazu mehr Mut, mehr Entschlossenheit, mehr Leidenschaft, mehr Herz.

#144 Bitte um Vergebung

»Wenn ich immer alle Regeln befolgt hätte, hätte ich es nie zu etwas gebracht« – das soll Marilyn Monroe gesagt haben. Der Satz kann als eine Erinnerung daran dienen, dass es manchmal notwendig ist, Risiken einzugehen und unkonventionelle Entscheidungen zu treffen, um erfolgreich zu sein.

Das heißt jedoch nicht, dass man ohne Rücksicht auf Verluste handeln oder gegen Regeln verstoßen sollte. Vielmehr geht es darum, dass in manchen Situationen schnelle Entscheidungen gefragt sind und eine vorsichtige Abwägung von Vor- und Nachteilen Zeit und Chancen kostet.

Meine Empfehlung: Frage nicht um Erlaubnis, sondern bitte um Vergebung.

Uber hat den Taximarkt gestört, indem es eine Plattform geschaffen hat, die es Benutzer:innen ermöglicht, schnell und bequem eine Fahrt zu buchen, ohne auf traditionelle Taxis angewiesen zu sein. Uber hat das Business einfach gestartet, erst nach massiven Protesten der alteingesessenen Taxidienste gab es Verhandlungen über Regeln, die auch Uber einzuhalten hat. Und Airbnb hat den Hotelmarkt gestört, indem es eine Plattform geschaffen hat, auf der Menschen ihre Wohnungen und Häuser an Reisende vermieten können. Die Länder haben erst viel später mit Regulierungen eingegriffen, es gibt aber in Europa immer noch keine einheitlichen Regeln. Hätte Airbnb jedes Land um Erlaubnis gefragt, hätte das Unternehmen nie starten können. Aber noch mal: Es ist wichtig, mutig zu sein und Risiken einzugehen, um erfolgreich zu sein. Dies bedeutet jedoch nicht, dass du blindlings handeln solltest, sondern dass du sorgfältig abwägst und dann mutig handelst.

Verstehe, wann Regeln gebrochen werden sollten. Es gibt Zeiten, in denen es notwendig ist, Regeln zu brechen, um erfolgreich zu sein. Entscheidend ist, zu verstehen, wann dies angemessen ist und wann nicht. Hannes Jaenicke drückt das so aus:

»Wer der Herde folgt, sieht nur die Ärsche«!

#145 Jedermann, Jemand, Irgendwer und Niemand

Hie eine kurze Geschichte von vier Menschen, die Jedermann, Jemand, Irgendwer und Niemand hießen:

Es gab einen wichtigen Job zu erledigen, und Jedermann war sicher, dass Jemand ihn übernehmen würde.

Irgendwer hätte es tun können, aber Niemand tat es.

Jemand wurde wütend darüber, denn es war Jedermanns Job.

Jedermann dachte, dass Irgendwer ihn erledigen könnte, aber Niemand realisierte, dass Jedermann sich nicht rührte.

Am Ende beschuldigte Jedermann Jemanden und Niemand tat, was Irgendwer hätte tun sollen.

Das ist eine verkürzte Version von Charles Osgoods »Gedicht zur Verantwortung«, das sich in Verne Harnishs Buch »Scaling Up« findet.

Wer spielt in deinem Team? Mit welchen Mitarbeiter:innen umgibst du dich? Der Normalzustand in den allermeisten Unternehmen sieht wie folgt aus: Zehn bis 15 Prozent der Mitarbeiter ziehen den Karren, 70 bis 80 Prozent gehen neben dem Karren her und zehn bis 15 Prozent der Mitarbeiter setzen sich auf den Karren und bremsen mit ihren Füßen.

Kommt dir das bekannt vor, oder musst du zuerst die rosarote Brille absetzen?

Trenne dich von Mitfahrer:innen und Bremser:innen, diese werden nie den Karren ziehen. Spanne jene, die nebenhergehen, vor den Karren, einige werden mitziehen. Denke gut darüber nach, wie du mit jenen umgehst, die nicht ziehen wollen.

#146 Früher war alles besser

Die USA, das Land der unbegrenzten Möglichkeiten, in dem man sich »vom Tellerwäscher zum Millionär« entwickeln kann, ein Land, in dem sich Träume wie von allein erfüllen.

So oder so ähnlich wird es von vielen gesehen, und viele glauben, sie hätten es dort viel weiter gebracht als bei uns in Europa. Doch wenn du um 1900 in den USA geboren worden wärst, hättest du während deines Lebens mehrere, mitunter gewaltige Krisen erlebt:

- Der Erste Weltkrieg (1914–1918): Der Krieg begann, als du etwa 14 Jahre alt, und endete, als du fast 18 Jahre alt gewesen wärst.
- Die Spanische Grippe (1918–1920): Diese Pandemie tötete zwischen 1918 und 1920 geschätzt 50 Millionen Menschen weltweit.
- Die Weltwirtschaftskrise (1929–1939): Die Krise begann im Oktober 1929 mit dem Börsencrash und führte zu einer langen Rezession.
- Der Zweite Weltkrieg (1939–1945): Der Krieg begann, als du etwa 39 Jahre alt, und endete, als du fast 45 Jahre alt gewesen wärst.
- Die Kubakrise (1962): Die Kubakrise war eine militärische und politische Konfrontation zwischen den USA und der Sowjetunion, die im Oktober 1962 stattfand. Die Krise entstand, als die Sowjetunion Atomraketen auf Kuba platzierte. Die Krise konnte bewältigt werden, als die Sowjetunion ihre Raketen aus Kuba abzog.
- Die Ölkrise (1973–1974): Sie begann, als die Organisation der erdölexportierenden Länder (OPEC) die Ölproduktion reduzierte und die Ölpreise in die Höhe trieb. Dies führte zu einer globalen Rezession und Inflation.
- Die Watergate-Affäre (1972–1974): Diese politische Krise begann, als einige Männer versuchten, in das Hauptquartier der Demokratischen Partei in Washington, D.C. einzubrechen. Die Affäre führte zum Rücktritt des damaligen US-Präsidenten Richard Nixon.

- Die Terroranschläge vom 11. September 2001: Die Anschläge auf das World Trade Center und das Pentagon am 11. September 2001 führte zu einer der schwerwiegendsten Krisen in der Geschichte der USA. Die Anschläge forderten fast 3.000 Todesopfer und zogen eine Verschärfung der Sicherheitsmaßnahmen in den USA nach sich.

All diese Krisen haben das Leben und die Gesellschaft in den USA und auch in Europa in unterschiedlichem Maße beeinflusst und geprägt. Da ich es liebe, ab und zu einen guten Wein zu trinken, hätte mich die Prohibition auch noch stark getroffen. Die Prohibition war eine dreizehnjährige Periode in der US-amerikanischen Geschichte, in der der Verkauf, die Herstellung, der Transport und die Lagerung von alkoholischen Getränken gesetzlich verboten waren. Die Prohibition begann 1920 mit der Verabschiedung des 18. Verfassungszusatzes und endete 1933. Das Gesetz wurde durchgesetzt, um Alkoholismus, Kriminalität, Armut und andere soziale Probleme zu bekämpfen, die mit dem Konsum von Alkohol in Verbindung gebracht wurden. Viele glaubten, dass Alkohol eine Bedrohung für die amerikanische Kultur und Moral darstellte. Einer der berühmtesten Kriminellen war damals Al Capone, seine Geschichte wird in unzähligen Büchern, Filmen und Serien nacherzählt.

Diese Verbote führten zu einer illegalen Schattenwirtschaft, in der der Alkoholkonsum weiterhin florierte und sich Gauner bereicherten. Die Gesetzlosigkeit, Korruption und Gewalt, die mit dem illegalen Alkoholhandel einhergingen, wurden von vielen als schlimmer empfunden als die Auswirkungen des Alkohols auf die Gesellschaft.

Es gibt mehrere Faktoren, die uns glauben lassen, dass früher alles besser war, einer davon ist die Verklärung der Vergangenheit. Wenn wir Menschen auf unsere Vergangenheit zurückblicken, neigen wir dazu, positive Erinnerungen zu betonen und negative Aspekte zu vergessen oder zu minimieren.

Der beste Tag ist immer heute!

#147 Das Geheimnis des Könnens liegt im Können

In vielen Büchern und auf Seminaren liest und hört man immer wieder, das Geheimnis des Könnens liege im Wollen. Ich denke, das stimmt nur bedingt, denn es gibt einfach Einschränkungen und Grenzen, die es uns erschweren oder auch beinahe unmöglich machen, etwas zu realisieren. Jüngst habe ich gelesen, dass Fluglinien in den USA Kapitänen bis zu 500.000 Dollar Jahresgehalt zahlen – ich würde den Job gerne machen, doch mit über 50 Jahren habe ich keine Chance mehr auf eine Ausbildung zum Verkehrspiloten. Arnold Schwarzenegger hat unheimlich viel erreicht, er wurde sogar Gouverneur von Kalifornien und wäre sicher auch Präsident der USA geworden. Doch weil er nicht in den USA geboren ist, darf er nicht zu Wahl antreten.

Viele dieser Einschränkungen und Grenzen gibt es auch im Business, es gibt gesetzliche Regelungen, es gibt in Europa eine andere Denkweise bei der Gründung von Start-ups als in den USA, es gibt auch einfach schlechte Ideen und die falschen Berater:innen.

Nicht das Wollen ist allein entscheidend, sondern auch das Können. Darum ist es wichtig, sich mit diesen Fragen zu beschäftigen:

- Kann ich das, was ich glaube zu können?
- Kann ich es klar kommunizieren?
- Kann ich es umsetzen?
- Kann ich dafür Verbündete finden?
- Kann ich es finanzieren?
- Kann ich es verkaufen?
- Kann ich davon leben?
- Können andere davon leben?

Peter Müller, Schweizer Ski-Abfahrtsweltmeister 1987, sagte einst sinngemäß in einem Interview: »Skirennen werden im Sommer entschieden.« Er hat Monate und Jahre trainiert, nur damit er es an einem Tag konnte.

Kannst du das, was du kannst? Weißt du, was du kannst?

#148 Der Dümmste im Meeting

Stell dir vor, du buchst für gutes Geld ein teures Seminar und erwartest entsprechenden Input und auch eine geistige Herausforderung. Du merkst allerdings sehr rasch, dass das Level des Seminars weit unter deinem liegt. Du merkst, dass diese Weiterbildungsinvestition eine falsche war und du nichts lernen und mitnehmen wirst. Du bist im falschen Seminar, du bist im falschen Raum.

Wie ist es in deinem Unternehmen – bist du da auch der mit Abstand Talentierteste, der Gescheiteste? Von wem könnest du dann noch lernen? Es mag vielleicht für das eigene Ego gut sein, doch wenn rund um dich nur »Hilfspersonal« versammelt ist, dann wirst du die wichtigen Arbeiten auch immer selbst machen müssen. Denn du kannst nichts delegieren, und irgendwann, wahrscheinlich schneller als dir lieb ist, wird immer mehr und mehr Arbeit bei dir landen.

Doch wenn du Mitarbeiter:innen hast, die es richtig »gut draufhaben«, wenn du sie gut bezahlst, sie forderst und auch förderst, dann kannst du dir selbst Freiräume schaffen und Arbeiten delegieren, die dann auch zuverlässig erledigt werden. Suche dir die besten Mitarbeiter:innen, lerne Führung, lerne das »Loslassen«.

Der Motivationstrainer Jim Rohn (1930–2009) soll gesagt haben, wir seien der Durchschnitt der fünf Menschen, mit denen wir die meiste Zeit verbringen. Ähnlich ist es auch in deiner privaten Umgebung: Wer sind deine fünf Personen? Ziehen dich diese fünf Personen nach unten oder nach oben? Was kannst du von ihnen lernen?

Suche die Nähe von Menschen, die dort sind, wo du hinwillst.

#149 Die Not-to-do-Liste

Vielleicht hast du erwartet, am Ende dieses Buches eine To-do-Liste zu finden, die du abarbeiten sollst. Doch ich habe einen anderen Ratschlag für dich: Als ich vor einiger Zeit in Florenz war, stand ich in der Galleria dell'Accademia minutenlang vor Michelangelos »David«. Dabei erinnerte ich mich an eine kleine Geschichte, die ich früher mal gehört hatte: Der Papst fragte Michelangelo: »Verraten Sie mir das Geheimnis Ihres Genies. Wie haben Sie die Statue von David erschaffen – dieses Meisterwerk aller Meisterwerke?« Michelangelos Antwort: »Ganz einfach. Ich entfernte alles, was nicht David ist.«

Seien wir ehrlich: Mit wie vielen Arbeiten und Dingen umgeben wir uns, die uns kein Stück im Leben weiterbringen? Wie viele Stunden verschlingt der Ärger über Personen, Handlungen und Dinge, die wir nicht ändern können?

Es geht darum, Freiräume zu schaffen, damit du an dem arbeiten kannst, womit du am meisten Freude hast. Das bringt dich und dein Unternehmen wirklich voran. Darum: Anstatt nun von mir eine To-do-Liste zu erhalten, schreib selbst eine Not-to-do-Liste, die alles umfasst, was du ab heute *nicht* mehr machst. Dazu ein paar Beispiele:

- »Ich arbeite einen Tag in der Woche am Unternehmen und nicht im Unternehmen. Dazu gehe ich einmal die Woche allein in ein Co-Working-Space und arbeite abseits der gewohnten Umgebung konzentriert und allein am Unternehmen.«
- »Ich konzentriere mich ausschließlich darauf, dass Geld in das Unternehmen kommt. Für Produkte, Service und Administration suche ich Menschen, die in diesen Bereichen besser sind als ich.«
- »Ich meide Veranstaltungen, auf denen ich nichts lerne oder nur Leute treffe, die noch dort sind, wo ich nicht mehr hinwill.«

Erstelle jetzt sofort deine Not-to-do-Liste. Falls du dabei Unterstützung benötigst, setze dich mit mir in Verbindung.

#150 Aufstehen! Aber wofür?

Auf Bild Online [51] erschien 2014 eine berührende Kolumne von Peter Bachér über einen Zettel, den ihm ein Rollstuhlfahrer in die Hand gedrückt hatte. Auf diesem Zettel stand Folgendes zu lesen:

- »Wie viele Menschen können aufstehen, wissen aber nicht warum.«
- »Können stehen, wissen jedoch nicht, wozu.«
- »Können laufen, ohne zu wissen, wohin.«
- »Wie viele Menschen können hören und verstehen dennoch nicht.«
- »Können sehen, aber erkennen nicht.«
- »Wie viele Menschen haben eine Stimme, aber nichts zu sagen.«
- »Wie viele Menschen haben ein gesundes Herz, aber nichts, wofür es schlägt.«

Lies dies in Ruhe noch einmal, lies es noch öfter, und wenn du die Antworten auf die Fragen gefunden hast – bei der ein oder anderen Antwort wird es sicherlich länger dauern –, dann kannst du ein erfolgreiches Leben gar nicht verhindern.

Wofür schlägt dein Herz?

#151 Statt eines Schlusswortes: Worauf bist du die Antwort?

Du liest richtig – worauf bist du, worauf ist dein Unternehmen, worauf ist dein Angebot oder deine Dienstleistung die Antwort? Wir leben in einer Zeit, in der wir daran gewöhnt sind, dass uns alle Antworten im Bruchteil einer Sekunde zur Verfügung stehen. Google gibt uns auf jede Frage eine Antwort, auch oft Tausende Antworten. Doch auf welche Frage bist du die Antwort? Die Antwort auf diese Frage kannst du in dem Fall nicht googeln.

Unternehmen, Agenturen und Berater:innen arbeiten an Markenprozessen, an der Positionierung, am Design, an der Zielgruppenbestimmung und vielem mehr: Doch auf die entscheidende Frage geben Sie keine Antwort. Diese kannst nur du selbst finden.

Um diese Frage zu beantworten, ist es sinnvoll, mit dem WOFÜR zu beginnen, aber auch das WARUM sollte eine Rolle spielen – siehe dazu auch meine Story #037. Also: »Wofür tue ich das, was ich tue? Warum gibt es mein Unternehmen?« Begnüge dich nicht mit einfachen, phrasenhaften Antworten, sondern gehe wirklich tief in das Thema hinein. Achtung, es ist nicht danach gefragt, was du tust oder wie du es tust – es geht ausschließlich um das WOFÜR und das WARUM.

Sobald dir das WOFÜR einigermaßen klar erscheint (dies kann Tage, Wochen und Monate dauern), wirst du auch die Antwort auf die Frage »Worauf bis du die Antwort?« finden.

Und nun stell dir vor, dass deine Tochter oder dein Sohn zu dir kommt und dir diese Frage stellt: »Mama, Papa, worauf bist du die Antwort«?

Ich habe diese Antwort noch nicht gefunden.

»Worauf bist du die Antwort«?

Über den Autor

Harald Kopeter ist seit beinahe 30 Jahren in der Verlags- und Kommunikationsbranche tätig und seit 2002 im Speziellen im Bereich Corporate Publishing und Content Marketing. Er leitete viele Jahre lang die Corporate-Publishing-Aktivitäten der Styria Medien AG, eines der größten Medienhäuser Österreichs. Ende 2008 übernahm er einen Teilbereich dieser Aktivitäten in Form eines Management-Buyout.

Seit 2009 führt Harald Kopeter sein eigenes Unternehmen. Mit der Corporate Media Service GmbH begleitet er Kunden in den Bereichen Storytelling, Content Marketing, Digital Selling, Social Media Marketing und Kommunikation. Zu seinen Kunden zählen nationale und internationale Marktführer wie Wiener Zucker, Magna, Hervis und OTTO Versand.

Er wurde mehrfach mit dem Best of Corporate Publishing Award ausgezeichnet, er ist Mitglied im Content Marketing Forum, dem Marketing Club Graz, zertifizierter Trainer, CERTIFIED E-Commerce & Social MEDIA EXPERT der Wirtschaftskammer Österreich, Keynote Speaker und Buchautor.

Jahr für Jahr kommen bis zu 1.000 Teilnehmer zum FRESH CONTENT Congress nach Wien und Graz und holen sich die frischesten Inhalte zu den Themen Sales, Marketing, Kommunikation und Unternehmertum – *www.fresh-content-congress.com*

Seine erste Buchveröffentlichung legte er 2017 vor: *Fresh Content. Wie Sie Menschen mit Storys begeistern und Kunden gewinnen*, Corporate Media Service GmbH, ISBN 978-3-200-05225-3.

Zudem ist sein Podcast »think.digital.NOW! Der Podcast für digitalen Geschäftserfolg« erhältlich: *www.think-digital-now.com/podcast*.

Weitere Informationen findest du unter *www.haraldkopeter.com*.

Literaturverzeichnis

Ansari, Sepita; Müller, Wolfgang: Content Marketing. mtip-verlag, Frechen 2017

Asmus, Frank: Impact! Wie Sie sich und andere überzeugen. Goldegg Verlag, Berlin, Wien 2021

Baetzgen, Andreas; Tropp, Jörg: Brand Content. Die Marke als Medienereignis. Schäffer-Poeschel Verlag, Stuttgart 2013

Berlin, Isaiah: Der Fuchs und der Igel. Bibliothek Suhrkamp, Berlin 2023

Birkenbihl, Vera F.: Stroh im Kopf? mvg Verlag, München, 61. Auflage 2023

Borbonus, René: Relevanz. Was warum wann für wen wichtig ist. Econ Verlag, Berlin, 2. Auflage 2019

Campbell, Joseph: Der Heros in tausend Gestalten. Insel Verlag, Berlin 2022

Christiani, Alexander: Story Magic. Highline Verlag, Reichshof-Heischeid 2022

Clark, Roy Peter: Die 50 Werkzeuge für gutes Schreiben. Autorenhaus Verlag, Berlin, Erstausgabe 2009

Csikszentmihalyi, Mihaly: Kreativität. Wie Sie das Unmögliche schaffen und Ihre Grenzen überwinden. Klett-Cotta, Stuttgart 2007

Dobelli, Rolf: Die Kunst des klaren Denkens. Piper Taschenbuch Verlag, München, 2. Auflage 2021

Dobelli, Rolf: Die Kunst des klugen Handelns. Piper Taschenbuch Verlag, München, 2. Auflage 2021

Ebert, Axel; Wirl, Christoph: Bullshit Busters. Goldegg Verlag, Berlin, Wien 2017

Flesch, Rudolf: A New Readability Yardstick. In: Journal of Applied Psychology. 32, Nr. 3, 1948, S. 221–233

Gage, Randy: Mad Genius. Verrücktes Genie. Life Success Media, Innsbruck 2016

Gálvez, Cristián: Logbuch für Helden. Knaur TB Verlag, München, 4. Auflage 2014

Harnish, Verne u. a.: Scaling up. Skalieren auch Sie! Verlag ScaleUp Institut, München 2016

Heinrich, Stephan: Content Marketing. So finden die besten Kunden zu Ihnen. Springer Gabler, Wiesbaden, 2. Auflage 2020
Jaenicke, Hannes: Wer der Herde folgt, sieht nur die Ärsche. Penguin Verlag, München 2017
Kahneman, Daniel: Schnelles Denken, langsames Denken. Penguin Verlag, München 2014
King, Stephen: Das Leben und das Schreiben. Memoiren. Heyne Verlag, München 2011
Kleine Wieskamp, Pia: Storytelling. Carl Hanser Verlag, München, 2. Auflage 2023
Lindemann, Christian: Souverän auf den Bühnen des Lebens. Econ Verlag, Berlin 2021
Löffler, Miriam; Michl, Irene: Think Content! Rheinwerk Verlag, Bonn, 2. Auflage 2019
Miller, Donald: Story Brand. Wie Sie mit starken Geschichten Ihre Kunden überzeugen. Verlag Franz Vahlen, München 2020
Nold, Matthias: Die StoryKüche. Das Rezeptbuch für gute Business-Storys. Midas Management Verlag, Zürich 2021
Ogilvy, David: Geständnisse eines Werbemannes. Econ Verlag, Düsseldorf u. a. 2016
Poe, Edgar Allan Poe: Der Rabe und andere Gedichte. Hofenberg, Berlin 2016
Pulizzi, Joe: Get Content. Get Customers. McGraw-Hill Education, New York 2009
Pyczak, Thomas: Tell me! Wie Sie mit Storytelling überzeugen. Rheinwerk Verlag, Bonn, 4. Auflage 2023
Reynolds, Garr: The Naked Presenter. News Rider, Berkeley 2011
Sinek, Simon: Frag immer erst: WARUM. Redline Verlag, München 2014 (Original: Start with Why)
Taxis, Tim: Heiß auf Kaltakquise. Haufe Verlag, Freiburg u. a., 4. Auflage 2018
Wala, Hermann H.: Marken für die Ewigkeit. Redline Verlag, München 2021

Anmerkungen

1 Zitiert nach https://de.wikiquote.org/wiki/Kurt_Marti.
2 Aus dem Film »100 Dinge«, https://www.vienna.at/100-dinge-kritik-und-trailer-zum-film/6021991.
3 Frankfurter Allgemeine Zeitung, https://www.faz.net/aktuell/wirtschaft/handy-nutzer-wechseln-smartphones-seltener-aus-17790935.html.
4 The Wall Street Journal, https://www.wsj.com/articles/usa-today-owner-gannett-co-gave-advertisers-inaccurate-information-for-nine-months-11646784745.
5 Wikipedia, https://de.wikipedia.org/wiki/Survivorship_Bias.
6 Wikipedia, https://de.wikipedia.org/wiki/Jerome_Bruner.
7 Ogilvy, David: Geständnisse eines Werbemannes. ECON Verlag, Seite 65.
8 NDR Medienmagazin, https://www.ndr.de/der_ndr/presse/mitteilungen/pressemeldungndr2506.html.
9 Manager Magazin, https://www.manager-magazin.de/unternehmen/artikel/a-681006.html.
10 https://jakob-fugger-gymnasium.de/neuigkeiten/fugger-forum-history-slam-2019-die-historischen-fuggerzeitungen-zum-leben-erwecken.
11 Die Welt, https://www.welt.de/regionales/duesseldorf/article13553156/Zeitreise-durch-100-Jahre-Ernaehrungsgeschichte.html.
12 Siehe dazu https://de.wikipedia.org/wiki/Seifenoper.
13 Zitiert nach https://de.wikipedia.org/wiki/Paul_Watzlawick.
14 Siehe dazu https://de.wikipedia.org/wiki/Wir_sind_Papst!
15 Siehe dazu: ORF, https://newsv2.orf.at/stories/2298952/.
16 Poetry Foundation, https://www.poetryfoundation.org/articles/69390/the-philosophy-of-composition.
17 Zitiert nach https://de.wikisource.org/wiki/Der_Rabe_(%C3%9Cbersetzung_Eben).
18 Siehe dazu https://en.wikipedia.org/wiki/Cognitive_reflection_test.
19 Siehe Kahneman: Schnelles Denken, langsames Denken, S. 88-89.
20 Journal Lokal, https://journal-lokal.de/rheinhessen-mainz/2019/04/68803/. Die Kenntnis dieser Legende verdanke ich Angelika Förster.
21 Siehe zur Heldenreise https://de.wikipedia.org/wiki/Heldenreise.
22 Siehe dazu https://de.wikipedia.org/wiki/Red_Bull_Stratos.
23 Siehe dazu The Guardian, https://www.theguardian.com/science/2014/apr/13/favourite-number-survey-psychology.
24 Zum A/B-Test siehe https://de.wikipedia.org/wiki/A/B-Test.
25 Siehe zum Beispiel https://www.facebook.com/CSPAN/videos/president-bill-clinton-in-1996-let-us-resolve-to-build-that-bridge-to-the-21st-c/10154472020620579/.

26 Vgl. dazu https://de.wikipedia.org/wiki/Yes_We_Can.
27 Vgl. dazu https://de.wikipedia.org/wiki/Make_America_Great_Again.
28 Siehe dazu https://significantobjects.com/.
29 Siehe dazu https://de.wikipedia.org/wiki/Ein_Bild_sagt_mehr_als_tausend_Worte.
30 Vgl. dazu neben dem Essay selbst auch Literaturkritik.de, https://literaturkritik.de/luescher-kraft-fuechse-igel-jonas-luescher-sucht-seinem-zweiten-roman-kraft-eine-antwort-auf-verzwickte-theodizee-frage,23010.html.
31 Vgl. dazu Blue Prints, https://www.blueprints.de/artikel/selbstmanagement/die-21-tage-regel.html.
32 Alltagsforschung.de, https://www.alltagsforschung.de/reine-routine-in-66-tagen-zur-gewohnheit/.
33 Siehe dazu Der Spiegel, https://www.spiegel.de/gesundheit/ernaehrung/fitness-die-10-000-schritte-regel-pro-tag-basiert-auf-einer-werbung-a-1279520.html.
34 Siehe dazu https://de.wikipedia.org/wiki/IKEA-Effekt.
35 Siehe dazu https://de.wikipedia.org/wiki/Kintsugi.
36 Siehe dazu https://de.wikipedia.org/wiki/Wabi-Sabi.
37 Urlaubspiraten.de, https://www.urlaubspiraten.at/reise-journal/breaking-stehplaetze-bei-ryanair-sind-offiziell-at.
38 Wirtschaftswoche, https://www.wiwo.de/unternehmen/dienstleister/werbe-sprech-niemand-liebt-werbung-nicht-einmal-die-werber/28719812.html.
39 Zitiert nach T3n, https://t3n.de/news/gruender-zitate-entrepreneur-szene-10-600714/.
40 Wirtschaftswoche, https://www.wiwo.de/unternehmen/handel/penny-werbe-film-der-riss-von-normalen-menschen-wird-solche-werbung-als-irrelevant-wahrgenommen/28878852.html.
41 Businessinsider.de, https://www.businessinsider.de/karriere/arbeitsleben/die-haeufigsten-vornamen-von-geschaeftsfuehrern-im-deutschen-mittelstand/.
42 Siehe dazu https://de.wikipedia.org/wiki/Juxtaposition.
43 Startups, https://startups.co.uk/entrepreneurs/moonpig-nick-jenkins/.
44 Die Presse, https://www.diepresse.com/5454732/du-kannst-alles-werden-was-du-willst.
45 Siehe dazu https://www.nzz.ch/folio/an-der-weinnase-herumgefuhrt-ld.1619941?reduced = true.
46 Zitiert nach Wiener Zeitung, https://www.wienerzeitung.at/nachrichten/kultur/literatur/264183-Enzensberger-Hammerstein-oder-Der-Eigensinn.html.
47 Siehe dazu https://fr.wikipedia.org/wiki/Jacques_S%C3%A9gu%C3%A9la.
48 Siehe dazu https://de.wikipedia.org/wiki/WD-40.
49 The Guardian, https://www.theguardian.com/stage/2014/oct/14/standup-comedy-pay-per-laugh-charge-barcelona.
50 https://de.wikipedia.org/wiki/Auctoritas.
51 Bild.de, https://www.bild.de/news/standards/peter-bacher/nachdenken-kolumne-3726208.bild.html.

Die letzte Seite

Es gibt nur zwei Dinge, die du falsch machen kannst: aufhören oder gar nicht erst anfangen.

Wann immer jemand bei Amazon eine gute und innovative Idee hat, so verfasst der Ideengeber seine eigene Pressemitteilung, in der er erklärt, wie seine Entwicklung die Kunden in eine bessere Welt begleitet. Wir kennen das als Self-fulfilling prophecy, die selbsterfüllende Prophezeiung, die bei Amazon offensichtlich bestens funktioniert.

Wie lautet die Pressemitteilung, die du in ein, zwei oder fünf Jahren veröffentlichen wirst?

Viel Erfolg!

Dein Harald Kopeter